Aloha

알로하

안녕

KID'S
TRAVEL
GUIDE
HAWAII

나의 처음
하와이
여행

나의 처음 하와이 여행
KID'S TRAVEL GUIDE HAWAII

개정판 1쇄 발행 2025년 1월 20일
초판 발행 2017년 4월 17일

지은이 / Dear Kids
펴낸이 / 김화정

일러스트 / 애슝
디자인 / 구수연
기획 참여 / 김내리
인쇄 / (주) 미래피앤피

펴낸곳 / mal.lang
주소 / 서울시 중랑구 중랑천로14길 58, #1517
전화 / 02-6356-6050
팩스 / 02-6455-6050
이메일 / ml.thebook@gmail.com
출판등록 / 2015년 11월 23일
         제 25100-2015-000087호

ISBN / 979-11-983478-7-9
ⓒ 2025 by Dear Kids, 윤정혜

제품명 / 아동 도서   제조년월 / 2025년 1월 20일
사용연령 / 8세 이상   제조자명 / (주) 미래피앤피   제조국명 / 대한민국
▲ 주의 / 종이에 손이 베이거나 책 모서리에 다치지 않도록 주의하세요.
▲ KC마크는 이 제품이 공통안전기준에 적합하였음을 의미합니다.

KID'S TRAVEL GUIDE

HAWAII

나의 처음
하와이
여행

Dear Kids 지음 • 애슝 그림

MAL LANG

책 곳곳에 있는 빈 말풍선에
너의 생각을 써 봐~.

CONTENTS

I am...
나에 대한 정보를 써 보자!

I'm going to...
내가 가는 곳은 어디일까?

Packing List
내 짐은 내가 챙기자.

Making Plans
이번 여행에서 뭘 하고 싶어?

Let's go
출발

First Impression
하와이의 첫인상 어땠어?

About Hawaii
하와이는 어떤 곳일까?
하와이는 재밌어~.

하루 종일 놀 수 있는 곳

하와이의 랜드마크

스노클링의 천국

제2차 세계대전의 아픔을 품은 곳

시내 한복판에 역사가 그대로

하와이 최대 박물관

아기자기 아름다운 섬

신비로운 대자연의 섬

말 타는 쥬라기 공원

오아후 섬 북쪽 여행

I am...

나에 대한 정보를 써 보자!

한국의 주소와 하와이 현지에서 머무르는 곳의
주소와 연락처를 메모해 둬.

이름

· ·

한국 주소

· ·

머물고 있는 호텔의
명함 붙이기

책을 가지고 다니지
않는다면 호텔 명함을
꼭 가지고 다녀~.

· ·

부모님과 떨어져 혼자 있게 됐을 때

당황하지 말고 아래 문장을 지나가는 사람에게 보여 주면 돼.

도와주세요. 길을 잃었어요. 이 번호로 연락해 주세요.

Help me. I'am lost.
Please contact this number.

My Name:

....

My Parent's Name:

....

My Parent's Cellphone No.:

....

Hotel Address:

....

Hotel Telephone No.:

....

I'm going to...

내가 가는 곳은 어디일까?

하와이는 한국과 얼마나 떨어져 있을까?
한국과 하와이를 찾아 봐.

러시아

유럽

아시아

중동

한국

일본

홍콩

타이완

아프리카

호주

뉴질랜드

알래스카

캐나다

그린란드

미국

하와이

남아메리카

Packing List

내 짐은 내가 챙기자!

빠트린 짐은 없는지 아래 리스트에 체크하고
나만의 필요한 물건이 있다면 빈칸에 직접 써서 잊지 않도록 하자.

Clothes	Bathroom Things	Other Stuff
☐ 상의(티셔츠)	☐ 칫솔	☐ 여권
☐ 하의(바지)	☐ 치약	☐ 노트
☐ 외투(점퍼)	☐ 비누	☐ 필기도구
☐ 잠옷	☐ 헤어 샴푸	(연필, 노트, 색연필, 가위, 풀)
☐ 속옷	☐ 헤어 컨디셔너	☐ 선글라스
☐ 신발	☐ 로션	☐ 모자
☐ 양말	☐ 선크림	☐ 우산

그 외 더 필요한 것들

☐ ☐ ☐
☐ ☐ ☐
☐ ☐ ☐
☐ ☐ ☐

Making Plans

이번 여행에서 뭘 하고 싶어?

나만의 계획과 하고 싶은 것을 써 보자.

1.

2.

3.

4.

5.

6.

7.

8.

9.

10.

Let's go...

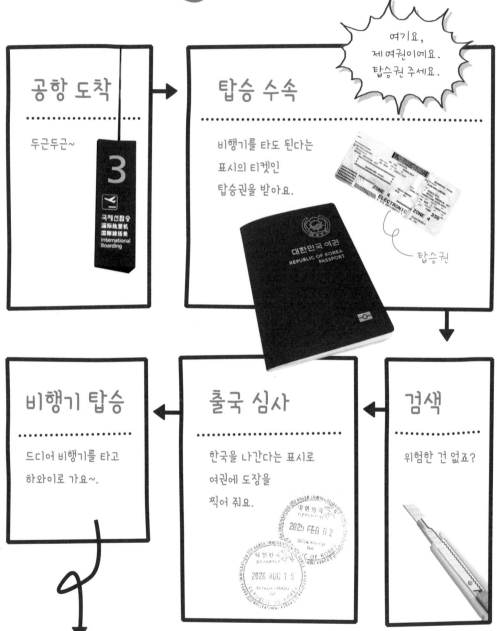

공항 도착

두근두근~

탑승 수속

비행기를 타도 된다는
표시의 티켓인
탑승권을 받아요.

여기요,
제 여권이에요.
탑승권 주세요.

탑승권

비행기 탑승

드디어 비행기를 타고
하와이로 가요~.

출국 심사

한국을 나간다는 표시로
여권에 도장을
찍어 줘요.

검색

위험한 건 없죠?

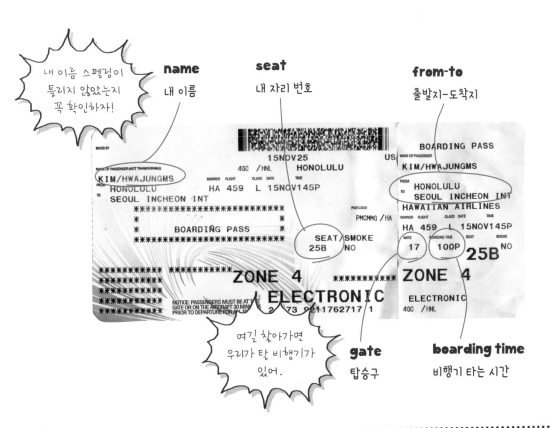

name
내 이름

내 이름 스펠링이 틀리지 않았는지 꼭 확인하자!

seat
내 자리 번호

from-to
출발지-도착지

여길 찾아가면 우리가 탈 비행기가 있어.

gate
탑승구

boarding time
비행기 타는 시간

이건 기내에 가져갈 수 없어.

가져가고 싶어도 비행기 안으로 가져갈 수 없는 물건들이 있어.
승객들에게 위험을 줄 수 있는 물건들인데, 뭐가 있는지 볼까?
비행기에 들고 가는 가방엔 이런 물건들은 넣으면 안 되겠지?

사람들에게 위험을 줄 수 있는 칼, 망치 같은 물건들은 비행기로 가져갈 수 없어. 가위도 칼처럼 날카로운 물건이라 안 되니까 기억해 둬. 가위를 가져가고 싶으면, 수하물 가방에 넣어야 해.

100ml가 넘는 물이나 음료수 같은 액체류도 가져갈 수 없어. 꼭 가져가야 한다면 100ml 이하의 용기에 담아 규격 지퍼백에 넣어 가져가야 해.

하와이 도착

8시간 만에 하와이
호놀룰루에 도착~

입국

비행기에서 내려
Immigration(입국 심사)이라고
적힌 표지판이 가리키는 방향을 따라가요~.

하와이에
여행 왔어요~.

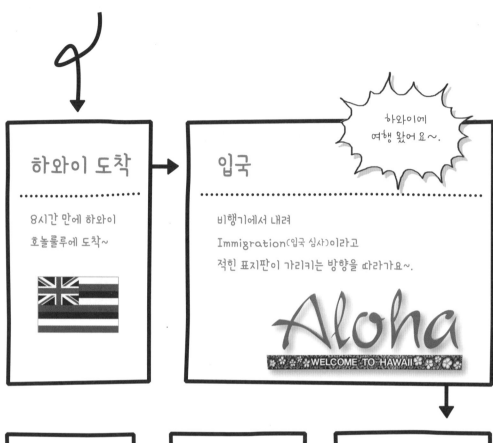

입국장

이제 호텔로 고고~

수하물 찾기

내 짐을 찾아요~.

빙글빙글~
언제 나오나~

입국 심사

내 여권에 하와이에 온 걸
허락한다는 의미의
입국도장을 쾅 찍어 줘요.
Thank you~!

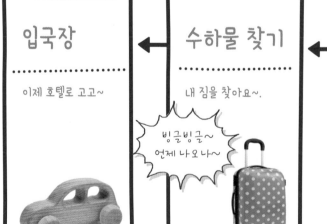

First Impression...

하와이의 첫인상은 어땠어?

하와이 공항에 도착했을 때, 공항에서 호텔로 가는 길에, 호텔에서…,
첫 느낌은 딱 한 번이니까 잊기 전에 꼭 기록해 둬.

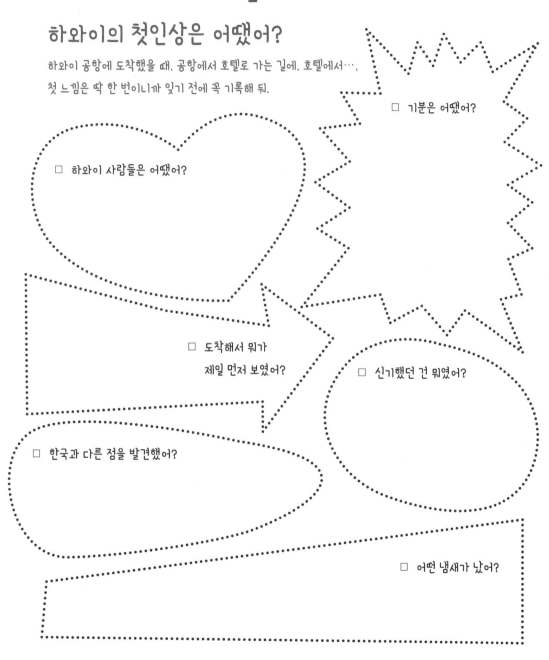

□ 기분은 어땠어?

□ 하와이 사람들은 어땠어?

□ 도착해서 뭐가
제일 먼저 보였어?

□ 신기했던 건 뭐였어?

□ 한국과 다른 점을 발견했어?

□ 어떤 냄새가 났어?

하와이는
어떤 곳일까?

하와이는 미국의
주 중 하나야

워싱턴 D.C. Washington D.C.	수도 - 주도	호놀룰루 Honolulu
대통령 President	최고 통치자	주지사 Governor
약 1,000만km²	크기	약 3만km²
약 32,400만 명	인구	약 140만 명
달러 Dollar, $	화폐	달러 Dollar, $
영어	언어	영어, 하와이어

주기는
어떻게 생겼어?

8개의 가로줄은 하와이를 이루고 있는 8개의 섬(하와이, 오아후, 카우아이, 카호올라웨, 라나이, 마우이, 몰로카이, 니이하우 섬)을 나타내.

하와이 주기의 왼쪽 위에는 영국 국기(유니언 잭)가 있어. 미국의 주인 하와이의 주기에 왜 영국 국기가 있을까?

1816년, 카메하메하 대왕이 영국의 보호를 청했던 당시, 영국 국기를 그대로 게양하면 미국의 항의가 있을 거 같고 미국 국기를 게양하면 영국의 항의가 거셀 거 같았대. 그래서 하와이를 방문 중이었던 조지 밴쿠버라는 영국인 선상(배에 물건을 싣고 다니며 파는 사람)이 양국의 국기를 섞어 만들었다는 설이 있어.

하와이는 무지개 주(Rainbow State), 알로하 주(Aloha State)라는 별명을 가지고 있어.

하와이의 역사가 궁금해~

7,000만 년 전, 화산 활동으로 하와이의 섬들이 만들어졌어. 가장 먼저 생긴 섬이 카우아이(Kauai)이고 가장 마지막에 생긴 섬이 하와이 섬(빅 아일랜드, Hawaii Island)이야.

★ **화산의 흔적**: 다이아몬드 헤드, 하나우마 베이 같은 화구, 하와이 섬의 검은 모래 해변들, 활화산, 해변의 현무암 등 화산의 흔적을 쉽게 볼 수 있어.

하와이의 최초 정착민은 약 1,500년 전 긴 항해 끝에 도착한 폴리네시아 인들이었어. 폴리네시아 인들은 카누를 타고 별자리로 방향을 찾아 타히티(Tahiti)와 마르퀴세스 군도(Marquesas Islands)를 거쳐 약 3,000km의 항해를 했다고 해.

★ **폴리네시안 문화**: 훌라, 타투, 하와이어 등 하와이 전통문화로 남아 있어.

1778년 영국의 제임스 쿡(James Cook) 선장이 하와이의 카우아이(Kauai) 섬에 도착했고, 하와이에 서양 문물을 소개했지. 하지만 그로부터 1년 후 원주민과의 싸움에서 사망해.

하와이 제도는 섬마다 각각의 추장이나 왕이 통치했는데, 1810년에 카메하메하 대왕(King Kamehameha, 1758~1819)이 하와이 제도를 통일해 하나의 왕국을 세웠어.

● 1820년 미국의 보스턴으로부터 선교사들이 기독교를 전파하기 위해 하와이로 왔고 영어를 교육시켰다고 해.

● 1800년대 후반 하와이는 세계적인 사탕수수 수출지였어. 그로 인해 노동력이 필요했고, 1852년부터 1930년 사이에 한국, 일본, 필리핀 등 아시아 노동자 40만 명을 하와이의 농장으로 이주시켰어.

● 1893년에 릴리우오칼라니 여왕이 퇴위하고 하와이는 미국이 됐어.

● 1941년 12월 7일 일본군의 진주만 공격으로 태평양 전쟁이 시작 됐지.

● 1945년 전쟁이 끝나고 1959년 미국의 50번째 주가 됐어.

어디에 있어?

적도에 위치하고 있어서, 1년 내내 따뜻한 곳이야. 하와이는 이런 매력적인 날씨와 자연환경 때문에 세계인 누구나 가고 싶어 하는 휴양지.
지구는 5대양(큰 5개의 해양)이 있는데, 하와이는 그중에서 가장 큰 태평양에 위치해 있어.

하와이는 미국 영토지만 미국 본토에서 약3,700km나 떨어져 있어.

북극해

한국

태평양

미국

대서양

하와이

인도양

어떤 섬이야?

하와이는 화산 활동으로 만들어진 140여 개의 크고 작은 섬으로 이루어져 있어. 그중에서 카우아이, 오아후, 몰로카이, 라나이, 마우이, 빅 아일랜드(하와이 섬)가 대표적인 섬이야.

카우아이

'정원의 섬'이라는 별명이 있을 만큼 자연을 그대로 느낄 수 있는 곳이야. '와이메아 캐니언'이 유명해.

오아후

하와이에서 가장 많은 인구가 살고 있는 곳으로, 하와이의 문화, 정치, 경제의 중심지야. 섬의 크기가 제주도 정도야.

몰로카이

폴리네시아 사람들이 바다를 건너 맨 처음 하와이에 정착한 땅이야. 하와이 섬들 중에서 가장 원시적인 섬이라고 해.

라나이

과거 세계 최대 파인애플 생산지였대.

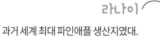

마우이

오아후 다음으로 많은 관광객이 찾는 곳이야. 아기자기 예쁜 곳이지.

사람들은 오아후 다음으로 마우이와 빅 아일랜드로 여행을 많이 가.

빅 아일랜드(하와이 섬)

하와이에서 가장 큰 섬이야. 아직도 화산 활동이 일어나는 활화산이 있는 곳이야.

날씨는 어때?

하와이는 1년 내내 25℃를 웃도는 따뜻한 곳이야. 따뜻한 햇살과 살랑살랑 부는 시원한 바람, 상쾌한 공기를 1년 내내 누릴 수 있지. 내가 가는 일정에 날씨가 어떤지 확인해 볼까?

11~4월

하와이의 겨울.
파도가 높고 강수량이 높은 편이야.
하지만 하루 종일 비가 내리는 건 아니고,
여우비처럼 잠깐 내리고 말아.
저녁이면 쌀쌀할 수 있으니 긴팔 외투를
챙기는 게 좋아.

9~11월에
가끔 태풍이 지나가.
일기예보에 집중~!

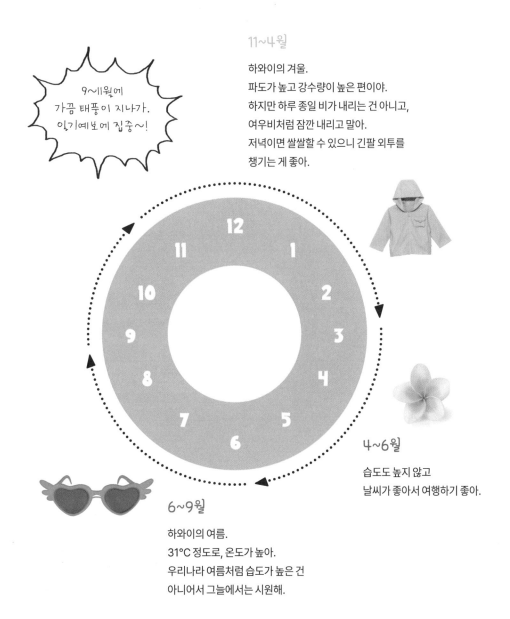

4~6월

습도도 높지 않고
날씨가 좋아서 여행하기 좋아.

6~9월

하와이의 여름.
31℃ 정도로, 온도가 높아.
우리나라 여름처럼 습도가 높은 건
아니어서 그늘에서는 시원해.

시간이 왜 달라?

일본

한국
5월 5일
낮 12:00

5월 4일
저녁 5:00
하와이

나라마다 시차(시간 차이)가 있어. 나라의 위치가 서로 달라서 생기는 거야. 그래서 한국은 아침인데 미국은 저녁인 거지. 하와이는 우리나라보다 19시간 느려. 한국이 낮 12시라면 하와이는 전날 저녁 5시가 되는 거지. 어렵다고? 이렇게 생각해 봐. 한국 시간에 5를 더하는 거야. 그리고 오늘이 아닌 어제 날짜라고 생각하면 돼. 하와이에 도착하면 손목시계를 하와이 시간으로 맞추는 거잊지 마.

돈은 어떻게 생겼어?

우리나라의 지폐나 동전 같은 화폐를 '원화(₩)'라고 해. 미국인 하와이는 달러(US Dollar, $)를 쓰는데, US$나 USD로 표기해. 미국 지폐를 보면 DOLLAR이라고 적혀 있는데, '달러'라고 읽어. 동전엔 CENT라고 적혀 있고 '센트'라고 읽어. 1달러는 1,300원 정도인데, 환율은 매일 변하니까 '환율'이라고 검색해서 확인해 봐.

어떤 언어를 써?

하와이는 미국 영토라 사람들이 공통으로 쓰는 언어는 영어야. 그리고 하와이가 미국이 되기 이전 하와이 왕국에서 쓰던 하와이어가 있는데, 지금도 여전히 하와이어가 쓰이고 있어. 도로 이름이나 음식 이름, 하와이 노래 등에서도 흔하게 찾아볼 수 있어.

1센트 One Cent

Penny(페니)라고도 해.
1센트가 100개면 1달러야.

5센트 Five Cents

Nickel(니켈)이라고도 해.

10센트 Ten Cents

동전 중에 크기가 가장 작아.
10센트를 1다임(One Dime)이라고도 해.

25센트 Twenty Five Cents

Quarter(쿼터)라고도 해.
동전에 Quarter Dollar라고 쓰여
있는데, Quarter는 1/4을 의미해.
1달러의 1/4이니 25센트겠지?

우리와 달라~

건너고 있죠? 11초 남았어요.
근데 아직 건널목에 들어서지
않았다면 기다려요.
건너면 안 돼요.

건너요~.

눌러야 건널 수 있는 횡단보도

하와이에서는 횡단보도에서 신호를 무작정 기다리지 말고, 횡단보도 신호등에 있는 버튼을 눌러야 해. 버튼을 누르고 잠시 기다리면 신호가 바뀌어~.

← 눌러~

신호를 지키지 않으면
경찰 아저씨가 잡아요~.

건너면
안 돼요~.

계산은 자리에서, 팁은 따로~

식사를 마치면 계산대로 가서 계산하는 우리와 달리,
미국은 테이블에서 계산을 해. 식사를 마치고 그 자리
에서 웨이터를 불러 계산을 하지.
우리와 다른 게 하나 더 있는
데, 서빙을 해 준 웨이터를 위
해 팁(Tip)이라는 걸 따로 챙겨
줘. "덕분에 식사 잘했습니다.
감사합니다."라는 의미로 지
불하는 거야. 보통 음식 값의
18~25% 정도야.

전압이 달라

미국에서는 110V 전압을 쓰고 우
리나라에서는 220V 전압을 쓰기
때문에, 우리나라에서 쓰던 전자
제품을 그냥 쓸 수 없어. 자세히 보
면 플러그 모양이 다르게 생겼지?
그러니 가져가야 할 전자 제품이
있다면 부모님과 상의해서, 전압과 플러그 모양을
바꿔 주는 어댑터를 챙겨 가야 해.

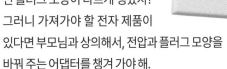

어댑터

하와이에선
뭐 타고 다녀?

● 트롤리
여행객에겐 딱이야~

하와이를 여행하는 사람에게 빼놓을 수 없는 교통수단
이 바로 '트롤리(Trolley)'야. 시원하게 뚫린 트롤리도 있
어서 하와이의 바람을 맞으며 여행을 즐길 수 있어.

● 버스
하와이 구석구석을 달려~

구글 지도에서 노선을 확인하면 어렵지 않게 이용할 수 있어.

하와이에는 섬 대부분 지역에서 운행
중인 '더 버스(The Bus)'라는 버스가 있
어. 버스를 타면 하와이 구석구석을 구
경할 수 있어서 좋아.
버스를 탈 때 현금을 내고 1회 이용할
수도 있고, 하와이의 교통카드인 '홀로
(Holo) 카드'를 단말기에 찍어 이용할
수도 있어.

❶ 잔돈을 미리 준비하자!
우리나라 버스와 달리 잔돈을 거슬러 주지 않아.

❷ 내릴 때 줄을 당기자!
한국에서는 내리고 싶을 때 벨을 누르지만 하와이에서는
버스 창문에 길게 연결되어 있는 줄을 당겨야 해.

❸ 탈 때는 앞으로, 내릴 때는 가까운 쪽으로!
버스를 탈 때는 버스 앞쪽으로 승차하고 내릴 때는 앞쪽
뒤쪽 어느 쪽으로 내려도 괜찮아.

하와이에도 호놀룰루 레일 (Honolulu Rail)이라는 전철이 있어.

* 4가지의 색다른 트롤리

❶ 핑크 라인 와이키키의 호텔들과 알라모아나 쇼핑센터를 연결해.

❷ 레드 라인 이올라니 궁전, 킹 카메하메하 동상 등 하와이의 유명 유적지를 돌아.

❸ 그린 라인 호놀룰루 동물원, 카피올라니 공원 등 다이아몬드 헤드를 둘러볼 수 있어.

❹ 블루 라인 하나우마 베이 등 해안가를 달려.

●택시
비싸지만 편해~

장애인이 안전하게 타고 내릴 수 있도록 서두르지 않고 배려하는 모습이 너무나 감동적이야~.

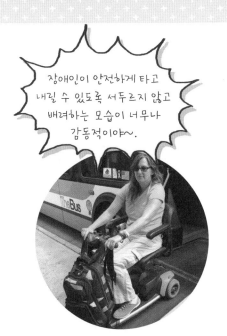

우리나라에 비해서 택시비가 비싼 편이지만, 여러 명이 이동한다거나 짐이 많을 때 택시를 이용해도 좋아.

* 이건 알아 두자!

❶ 택시 요금 외에 기사님께 팁(Tip)을 따로 드려야 해. 팁은 요금의 18~25% 정도야.

❷ 하와이는 콜택시(전화를 해서 택시를 부르는 것) 제도를 운영해. 그래서 호텔이나 큰 마트가 아니면 길거리에서 택시를 잡기가 무척 어려워.

하와이는
재밌어~

하와이의 흔한
말/행동

'알로하'라고 할때 '로'에
힘을 살짝 주고 길게 끌어
'알로~하'라고 말하면 돼.

알로하

하와이에 도착해서 제일 먼저 듣게 되는 말은 '알로하 Aloha'일 거야. 알로하는 '안녕하세요, 안녕히 가세요, 환영합니다, 사랑해요, 고맙습니다'처럼 사랑, 친절, 존경, 이별 등의 다양한 의미로 쓸 수 있는 말이야.
알로하 정신(Aloha Spirit)에는 '이방인(다른 나라에서 온 사람)도 가족처럼'이라는 하와이 사람들의 삶에 대한 철학이 담겨 있어.

맛있다
ono
오노

어린이
keiki
케이키

가족
ohana
오하나

샤카

엄지와 새끼손가락을
펴고 나머지를 접는 샤카
(Shaka)는 하와이 사람들이 가장 많이 하는 제스처야.
'고마워요, 안녕하세요, 좋아요, 대단해요' 등의 의미를
표현하는 거야. 사진을 찍을 때도 V(브이)보다는 샤카
를 하지. 우리도 도전해 볼까?

마할로

마할로(Mahalo)는 Thank you.
처럼 '고맙습니다'라는 의미로 사
용해. 문을 열어 주거나 자리를
양보해 주는 친절에 감사하다고
얘기를 하고 싶다면 망설이지 말
고 '마할로~'라고 말해 봐.

노래, 음악
mele
멜레

바다
moana
모아나

산
mauna
마우나

하와이는
무지개 주

하와이 하면 떠오르는 것 중 하나가 무지개야. 하와이는 '무지개 주(Rainbow State)'라는 공식 별명을 가지고 있어. 이곳에서 쉽게 무지개를 볼 수 있어서이기도 하지만 여러 민족이 모여 살고 그들의 다양한 문화가 공존하는 곳이기 때문이기도 해.

하와이에서는 무지개를 자주 만날 수 있어. 소나기처럼 여우비가 내리고 난 뒤, 하늘을 올려다보면 짠- 하고 나타난 무지개를 어렵지 않게 발견할 수 있어. 엄청 큰 무지개부터 쌍무지개, 신기할 정도로 선명한 무지개 등등. 비온 뒤 무지개를 찾아보는 재미란~.

'이곳에서 무지개를 보면 다시 이곳에 오게 된다'는 말이 있어. 믿거나 말거나~. 다시 하와이에 오고 싶다면 무지개를 찾아봐~.

무지개 나무

유칼립투스 디글럽타(Eucalyptus Deglupta). 지구상에서 가장 다양한 색을 가지고 있는 나무야. 돌 파인애플 농장에서도 볼 수 있어.

무지개를 품은
하와이의 자동차 번호판

무지개를 입고 달리는
하와이 버스

꽃목걸이
레이

하와이에서는 꽃목걸이인 레이(Lei)를 한 사람들을 쉽게 볼 수 있어. 레이는 하와이 사람들에게 떼려야 뗄 수 없는 거야. 하와이를 방문한 관광객에게는 환영과 사랑의 의미로 레이를 건네주고, 졸업식이나 결혼식, 생일, 축제 등의 일상생활 속에서도 축하의 의미로 레이를 주고받아.

평화, 사랑, 존경, 축하, 환영 등 따뜻한 알로하 정신이 담겨 있어.

받은 레이를 선물한 사람 앞에서 벗으면 예의가 아니래.

플루메리아 레이
달콤한 향의 플루메리아 꽃으로 만든 레이

오키드 레이
난초로 만든 레이

쿠쿠이 열매 레이
하와이 주의 상징 나무인 쿠쿠이 나무 열매로 만든 레이

사탕 레이
마트에서 쉽게 볼 수 있는 사탕으로 만든 레이

하와이 전통춤
훌라

하와이 민속춤인 '훌라(Hula)'는 하와이어로 '춤'이란 뜻이야. 훌라는 옛날에 신에게 감사하고 숭배하는 마음을 표현하는 의식이었다고 해. 고대에는 종교적인 의미를 지닌 신전에서 추는 우아하고 평화로운 동작의 춤이었지. 사람들의 소망이 이뤄지기를 바라는 마음을 담아 추는 춤인 거지.
훌라의 동작들에는 모두 의미가 담겨 있어. 몸짓이나 손동작, 얼굴의 표정으로 산, 파도, 하늘, 태양, 사랑 등을 표현해.

바람

태양 / 달

산

사랑

* 어디서 훌라를 볼 수 있어?

● 와이키키 해변의 큰 반얀 나무 아래 야외무대에서 전통 훌라 공연(쿠히오 비치 훌라쇼)을 볼 수 있어.

● 로열 하와이안 센터에서 매주 토요일 전통 훌라 공연을 해.

● 와이키키의 하우스 위다웃 어 키(House without a Key)에서는 100년 된 반얀 나무 아래에서 훌라 공연을 해.

폴리네시안 문화 센터에는
시간대별로 공연과 무료 강습이 있어.
와이키키에 있는 로열 하와이안 센터에도
무료 강습이 있어.

귀여운 우쿨렐레

우쿨렐레(Ukulele)는 작은 기타처럼 생겼
어. 기타는 6줄인데, 우쿨렐레는 4줄이
야. 우쿨렐레는 하와이어로 '튀어 오
르는 벼룩'을 의미해. 벼룩이 점프를
하듯 통통 튀고 경쾌한 소리가 나기
때문이래.
우쿨렐레는 하와이 사람들에게 큰 사
랑을 받고 있지. 하와이에 있는 대부분의
초등학교에서는 3~4학년부터 우쿨렐레를
가르치고, 사람들은 다양한 동호회나 밴드 활동을 해.

✱ 우쿨렐레 어렵지 않아~

우쿨렐레는 크기도 작고 줄이 4개뿐인 데다 코드가 간단해서 쉽게 배울 수 있어.
그래서 가장 많이 사용되는 코드 몇 개만 알면 그럴싸한 연주가 가능해. 가장 대표
적인 우쿨렐레 코드 Best 6을 소개할게.

✱ 공짜로 배울 수 있어

코알로하 우쿨렐레(www.koaloha.com)에서 우쿨렐레 만드는 과정을 견학할
수 있어. 쉐라톤 호텔의 푸아푸아(PuaPua) 우쿨렐레 샵과 로열 하와이안 센
터(kr.royalhawaiiancenter.com/events)에서 무료 강습을 받을 수 있어.

하와이  동물 친구들

하와이엔 뱀이랑
갈매기가 없어!

게코 Gecko

해충을 잡아먹는 고마운 친구.
하와이 사람들은 게코를 행운의
상징으로 여겨.

닭 Chicken

주인 없는 야생 닭! 닭들이 공공장소나 공원에
뛰어다녀. 하와이엔 뱀 같은 닭의 천적이 없어
서 많다는 설도 있어.

하와이 바다표범
Hawaiian Monk Seal

줄무늬비둘기
Zebra Dove

홍관조
Red-crested
Cardinal

문조
Java Sparrow

구관조
Common Myna

후무후무누쿠누쿠아푸아아
Humuhumunukunukuapuaa

하와이를 대표하는 물고기야. 세계에서 가장 긴 이름을
가진 물고기로도 유명해. 쥐치(triggerfish)과에 속해.

네네 Nene

하와이 주를 대표하는 새야.
멸종위기종이라서 보호받고 있어.

푸른바다거북이
Green Sea Turtle

하와이 사람들은 후누
(Hunu)라고 불러.
해변에서 종종
볼 수 있지.

하와이 **식물** 친구들

플루메리아
Plumeria

하와이는 온통 플루메리아
향기로 가득해.

히비스커스
Hibiscus

하와이의 대표 꽃. 주화이기도 해.

안수리움
Anthurium

생강
Ginger

망고나무
Mango Tree

파인애플
Pineapple

커피나무
Coffee Tree

반얀나무
Banyan Tree

몽키팟
Monkeypod

야자나무
Palm Tree

난초 Orchid

헬리코니아
Heliconia

극락조화
Bird of Paradise Flower

'극락조'라는 새를 닮아서 붙여진 이름이야.
'신비, 영원히 변치 않음'이라는
꽃말을 가지고 있어.

맛있는 하와이

▼ 슈림프 플레이트

▲ 돈가스 플레이트

▲ 갈비 플레이트

▲ 누들 플레이트

▲ 맥도날드의
햄 플레이트

플레이트 런치 Plate Lunch

한 접시(Plate)에 밥이나 면, 반찬 등을
푸짐하게 담은 테이크아웃 도시락이야.

포케 Poke

신선한 생선회를 다양한 양념을 넣어 무쳐 낸
요리를 '포케'라고 해. 포케 앞에 '참치'라는 뜻의
아히(Ahi)를 붙이면 참치 회무침이야.

로코모코 Loco Moco

일본계 하와이 사람이 처음 만
들었다고 해. 햄버거 패티에 그
레이비 소스, 반숙 달걀이 올려
져 나오는데 고소하고 맛있어.

먹도 날드에도
사이민을 팔아~.

무스비 Musubi

무스비는 일본어로 '묶다'라는 뜻이야. 여
러 가지 재료를 김으로 잘 묶어서 만든 간
단한 요리지. 가장 기본적인 무스비는 하얀
쌀밥에 스팸을 올린 거야.

사이민 Saimin

우리나라 국수를 닮은
하와이 전통 면 요리야.

마나푸아 Manapua

중국식 호빵의 영향을 받아 탄생한 하와이 음식
이야. 빵 속에 돼지고기, 채소, 카레, 닭고기 등
다양하게 들어있어서 골라 먹는 재미가 있어.

전통 하와이 음식

돼지고기 요리인
칼루아 피그(Kalua Pig)

잘게 다진 토마토와 양파,
연어로 만든 로미 로미 살몬
(Lomi Lomi Salmon)

팬케이크 Pancake

원주민들의 주식이었던
토란으로 만든
포이(Poi)

타로 잎에 소고기나 생선(은대구)
등을 싸서 찜통에 찐 요리
라우라우(Laulau)

아사이 볼 Acai Bowl

하와이 건강식. 아사이 베리로 만든 스무디 위에 바나나, 딸기, 블루베리, 그래놀라 등 몸에 좋은 게 가득~!

말라사다 Malasada

하와이로 건너온 포르투갈 이민자들이 만든 하와이 대표 간식. 겉은 바삭, 속은 촉촉하고 쫄깃한 맛! 속에 부드러운 크림 이 들어간 말라사다도 있어!

쉐이브 아이스
Shave Ice

호놀룰루 쿠키
Honolulu Cookie

테드스 베이커리
TED's Bakery

하와이
과일 / 채소

망고
Mango

구아바
Guava

코코넛
Coconut

망고스틴
Mangosteen

노니
Noni

용과
Dragon Fruit

바나나
Banana

리리코이
Lilikoi / Passion Fruit

파파야
Papaya

파인애플
Pineapple

타로
Taro

생강
Ginger

마카다미아 넛
Macadamia Nuts

Waikiki

하루 종일
놀 수 있는 곳

와이키키

알로하~

난 오아후에 사는 이카이카야.

하와이에 곧 올 거라며? 하와이에서 가고 싶은 곳 정했어?

하와이 하면 누가 뭐래도 '와이키키' 잖아.

관광객들이 많이 모이는 곳이기도 하고, 대부분의 호텔이 이곳에

모여 있어서 하와이에 왔다면 와이키키에 들르지 않을 수 없어.

근데 사실 우리는 와이키키에 잘 가지 않아. 사람도 많고 해변도

늘 관광객들로 붐벼서야. 그래도 주말이면 카피올라니 공원에 가곤 해.

주말에는 늘 재밌는 행사로 북적이거든. 그리고 내가 처음 서핑을 배운

곳이 바로 와이키키야. 파도가 크지 않아서 서핑을 배우기에 딱이거든.

그리고 와이키키는 하와이의 다른 지역과는 달리 맛있는 음식점과

화려한 상점들이 밤 늦게까지 열려 있어. 길거리에선 불쇼, 마임, 댄스,

음악 등 다양한 퍼포먼스를 구경할 수도 있구.

이렇게 하루 종일 놀 게 많은 와이키키에서 즐거운 추억 만들길 바랄게~.

□ 사람이 많은 곳이니 부모님과 떨어지지 말아요.

□ 해변에서 물놀이를 할 때 선크림을 꼭 발라요.

□ '내가 왔다 와이키키~' 사진으로 꼭 남겨요.

□ 사람이 많아 부딪쳤다면 Sorry!라고 말해요.

□ 오후 2~3시가 가장 뜨거울 때예요. 그 시간을
   피해 물놀이를 즐겨요.

와이키키

왜 유명해? ★ 와이키키(Waikiki)는 '용솟음치는 물'이라는
뜻으로, 한때 하와이 왕족의 놀이터였다. 와이키키는 오하우
섬의 남쪽 해안에 있으며, 3.2km의 하얀 백사장과 에메랄드빛의 바
다가 펼쳐져 있다. ★ 와이키키는 많은 호텔과 리조트, 다양한 상점과 음
식점으로 수많은 관광객들이 모여드는 활기찬 만남의 장소이다. ★ 와이키키 해변
에서는 계절에 상관없이 1년 내내 물놀이, 서핑, 요트 등을 즐길 수 있고, 야자나무
그늘에 누워 아름다운 바다를 바라보며 휴식을 취할 수도 있다. ★ 해변 동쪽 끝에
푸르른 카피오라니 공원이 있는데, 공원 내에 수족관과 동물원 등이 있다.

한국에서도 1년 내내 와이키키를 볼 수 있다고?

와이키키에는 24시간 가동 중인 CCTV 카메라가 있는데, 인터넷을 통해 실시간으로 그곳을 볼 수 있다. 여행 떠나기 전, 와이키키가 보고 싶다면 들러 보자.

메리어트 호텔에서 제공하는 웹캠은 와이키키뿐만 아니라 하와이의 다른 섬의 모습도 볼 수 있다. 사이트에 들어가 하단의 More Cams 클릭해 원하는 곳을 찾으면 된다.

▲ marriott.ozolio.com/waikiki-beach-marriott

WAIKKI TROLLEY

HONOLULU ZOO

듀크 동상

호놀룰루 동물원

카피올라니 공원

부기 보딩

서핑

서핑 Surfing
내 생애 첫 서핑은 와이키키에서!

와이키키는 서핑을 처음 배우기에 가장 좋은 곳이다. 파도가 크지 않기 때문에 강사의 말만 잘 따르면 한 시간 안에 멋지게 파도를 탈 수 있다.

"서핑을 하려면 반드시 강습을 받아야 하나요?"라고 많이 묻는데, 짧은 시간에 안전하고 빠르게 배우고 싶은 사람들은 강습을 듣는 게 좋다.

★ 서핑(Surfing)은 '파도를 탄다'는 의미이고, 서퍼(Surfer)는 '서핑 하는 사람'을 말해.

앗싸~ 일어섰어!!!

● 서핑 강습의 기본

아래 서핑의 기본 동작들만 미리 알아도 쉽게 따라 할 수 있다.

❶ 발을 벌리지 않고 모은다. 그리고 일어나기 쉽도록 발끝을 그림처럼 세운다.

❷ 그런 다음 폭풍 패들! 손가락을 붙여 모으고, 흙을 파내듯 파도를 긁어 오듯이 위아래로 원을 그리듯 움직인다.

이때 반드시 시선은 정면으로!!

❸ 파도가 보드 밑을 치는 순간, 상체를 일으킨다.

❹ 한쪽 다리를 굽혀 쭈그리고 앉은 자세로 바꾼다.

❺ 재빨리 손을 떼고 보드 위에 선다.

튜브보다
재밌어~.

부기 보딩 Boogie Boarding
오바마 대통령도 사랑하는 부기 보딩~

서핑이 겁난다면 부기 보딩에 도전해 보자. 부기 보드는 서핑 보드보다 훨씬 작고 수영장의 킥보드 판과 비슷하게 생겼다.

혼자서 가지고 놀다 보면 스스로 타는 법을 쉽게 알게 된다. 파도가 밀려올 때 파도 위로 재빠르게 부기 보드를 올리면서 동시에 몸을 부기 보드 위로 사뿐히 올리면 끝~!

부기 보드는 와이키키 ABC 스토어에서 살 수도 있고, 서핑 보드 대여점에서 대여할 수도 있다. 호텔에서 대여해 주기도 하니까 묵고 있는 호텔에 확인해 보자.

● 서핑 보드 용어들

서핑 보드의 영어 용어들을 알아 두면 강습을 조금 더 쉽게 이해할 수 있다. 보드의 모양이 물고기같이 생겨서 nose(코), tail(꼬리), fin(지느러미) 등의 이름이 붙었다.

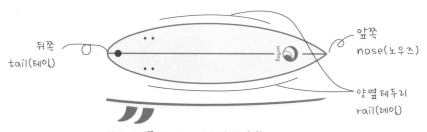

뒤쪽
tail(테일)

앞쪽
nose(노우즈)

양옆 테두리
rail(레일)

보드 아래쪽의 지느러미 모양 fin(핀)

★ 서핑할 때 주의할 점

☐ 다른 서퍼들의 보드와 충분한 공간을 두자.

☐ 물에 빠졌다가 나올 때는 고개를 살짝 내밀어 안전한지 확인하자.
다른 서퍼가 보이면 재빨리 잠수해서 충돌을 피하자.

☐ 반드시 안전 요원이 보이는 해변에서 서핑을 하자.

힐튼 빌리지 라군
Hilton Village Lagoon
수영도 하고 불꽃놀이도 보고~

힐튼 호텔 앞의 해변은 파도가 무서운 아이들에게 딱인, 얕은 호수같이 생긴 라군 (Lagoon)이 있다. 그리고 이곳에서 금요일마다 저녁 7시 45분부터 불꽃놀이를 한다.

★ 금요일이면 하와이 사람들은 '알로하 프라이데이(Aloha Friday)'를 외쳐. '즐거운 금요일'이라는 의미인데, 영어로는 TGIF(Thanks God. It's Friday.)라고 하지. 우리로 치면 '불금' 정도의 의미야.

듀크 동상 Duke Statue
서핑을 세계에 알린 듀크와 찰칵!

사진을 찍으려는 관광객들로 언제나 붐비는 곳! 듀크는 서퍼계의 전설이자, 서핑의 아버지라 불리는 사람이다. 올림픽에서 여러 번의 금메달을 딴 세계에서 가장 빠른 수영 선수로 불렸다. 은퇴 후 고향인 하와이로 돌아와 세계를 다니며 서핑을 알렸다.

★ 동상의 손에 걸린 레이(꽃으로 만든 목걸이)는 사람들이 듀크에 대한 존경과 사랑의 마음으로 걸어 둔 거야.

주말마다 다양한 행사가 열려.

카피올라니 공원
Kapiolani Park
해변과 닿아 있는 쉼터 같은 곳

넓은 잔디와 큰 나무가 있고, 피크닉을 즐길 수 있는 테이블과 의자가 마련된 이 멋진 공원이 와이키키 해변과 맞닿아 있다. 바다의 푸른색을 보다가 고개만 돌리면 공원의 초록색이 펼쳐진다. 태평양이 한눈에 보이는 매력적인 공원이다.

★ 수영하다 지쳐 시원한 곳에서 쉬고 싶다면 카피올라니 공원으로 고고~! 이곳에서 돗자리를 펴고 한숨 자볼까?

호놀룰루 동물원 Honolulu Zoo
동물들을 직접 만져 볼 수 있어~

호놀룰루 동물원은 대단히 크지는 않지만 즐거운 시간을 보내기에는 부족함이 없다. 기린, 하마, 사자, 하와이 새 등을 볼 수 있다. 생태계 보전의 중요성을 함께 나누고 자연과 함께 살아가는 방법을 배우게 되는 곳이다.

★ 해질 무렵 2시간 동안 동물원을 둘러보는 투어가 있어. 방문객이 떠나고 문이 닫힌 동물원은 어떤 모습일까?

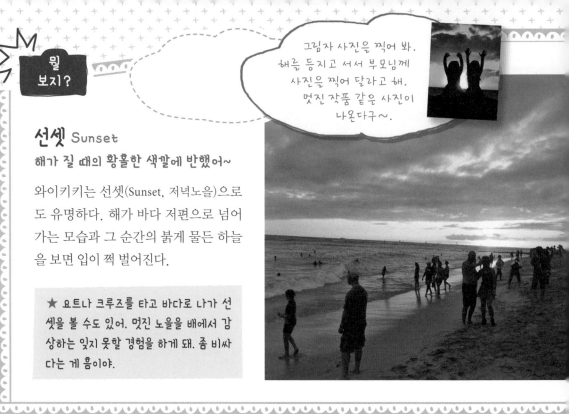

선셋 Sunset
해가 질 때의 황홀한 색깔에 반했어~

와이키키는 선셋(Sunset, 저녁노을)으로
도 유명하다. 해가 바다 저편으로 넘어
가는 모습과 그 순간의 붉게 물든 하늘
을 보면 입이 쩍 벌어진다.

★ 요트나 크루즈를 타고 바다로 나가 선
셋을 볼 수도 있어. 멋진 노을을 배에서 감
상하는 잊지 못할 경험을 하게 돼. 좀 비싸
다는 게 흠이야.

와이키키의 다양한 사람들
역시 구경은 사람 구경이지~

와이키키에서는 사람 구경도 재밌다.
전 세계에서 온 다양한 사람들을 보는
재미뿐만 아니라 길거리 공연을 하는 사
람들, 독특한 행동을 하는 사람들 등 보
는 재미가 쏠쏠~.

다양한
퍼포먼스를
보여주는
사람들

길거리에서 노숙자를
만났다면 절대 눈을 마주치지
마. 관심을 보이지 않으면
가까이 오지 않아.

해변에서 만난
금속 탐지기로
동전을 찾고 있는
할아버지

와이키키에서 만난
친구들

홍관조

빨간 머리 때문에 어디서나 눈에 잘 띄는
깜찍한 새. 1930년대 남미에서 하와이로
와, 지금은 하와이에 두루 퍼져 있다.

하와이 비둘기

이름은 제브라 도브(Zebra Dove). 우리나라 비둘기보
다 크기도 작고 귀엽게 생겼다. 주로 씨앗들을 먹는데,
요즘은 사람들 음식도 먹는다.

◀ 하와이에선
흔한 야자나무

플루메리아

플루메리아(Plumeria)는 밝고 환한 색과
은은한 향기로 맘을 사로잡는다. 머리에 꽂기도 하고
레이로 만들기도 하는 하와이를 대표하는 꽃이다.

히비스커스

하와이는 히비스커스(Hibiscus) 천지다.
하와이 공식 꽃도 히비스커스.
빨간색 외에 흰색,
노란색도 쉽게 볼 수 있다.

반얀나무

듀크 동상 근처에 큰 반얀나무(Banyan Tree)가 있다. 크고 신기
하게 생겨 쉽게 찾을 수 있다. 저녁에는 이 나무 아래서 훌라댄스
공연이 열린다. 반얀트리의 길게 늘어진 가지가 땅에 닿으면 뿌리
를 내려 나무가 된다. 그래서 가까이 가면 여러 개의 나무가 한 덩어
리가 된 듯 보인다.

Diamond
Head

하와이의 랜드마크

다이아몬드
헤드

알로하~

나는 소피아라고 해.

요즘 이곳 하와이 날씨는 끝내주게 좋아. 바람도 살랑살랑 불고.

난 이렇게 날씨가 좋을 땐 하이킹을 가곤 해. 너는 하이킹 좋아해?

하와이엔 하이킹하기에 좋은 곳이 여럿 있는데, 그중에서 다이아몬드

헤드라는 곳을 소개하려고 해. 다이아몬드 헤드는 하와이의 랜드마크

인데, 화산 활동으로 만들어진 산이야. 화산이지만 안심해도 돼.

10만 년이라는 긴 시간 동안 잠자고 있는 휴화산이거든.

다이아몬드 헤드 정상에서 보는 태평양 바다는 끝내주게 멋있어.

바다 색이 이렇게 아름다웠나 싶은 생각이 들 정도로 말이야.

참! 네가 묵을 호텔이 와이키키에 있다면 거기서도 쉽게 다이아몬드

헤드를 볼 수 있어. 와이키키 해변에서 왼쪽을 보면 산처럼 생긴 게

보일 거야. 그게 바로 다이아몬드 헤드야. 와이키키 어디서나 볼 수 있어.

다이아몬드 헤드 정상에 올라 기념사진 찍으면 꼭 나한테도 보내 줘~.

☐ 마지막 입장은 오후 4시 30분이에요.

☐ 이곳 정상에서 와이키키 해변이
한눈에 보여요.

☐ 선크림을 꼼꼼히 바르고 마실 물도
꼭 챙겨요.

정상 전망대

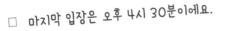

**다이아몬드
헤드**

뭐하는 데야? ⭐ 하와이의 랜드마크이자 대표적인 하이
킹 코스 ⭐ 약 10만 년간 깊은 잠을 자고 있는 휴화산으로, 고대
하와이 사람들에게는 신성한 곳이었다. ⭐ 1900년대 초 제2차 세계대
전 때는 군사 요충지였던 곳이기도 하다. ⭐ 지금은 정상에서 환상적인
바다 풍경을 볼 수 있는 하이킹 코스로, '관광객이라면 꼭 가야 할 곳'으로 꼽히며
사랑을 받고 있다. ⭐ 화산의 분화구 속으로 들어가 가장 높은 곳에 오르면 입이 쩍
벌어지는 멋진 풍경을 볼 수 있다. ⭐ 1시간이면 정상까지 오르내릴 수 있는 어렵지
않은 하이킹 코스라 어린이들도 즐길 수 있다.

매표소

등대

왜 '다이아몬드 헤드'라고 해?

옛날 고대 하와이 사람들은 이곳을 '참치(ahi)의 이마(le)'라는 뜻의 '레아히(Leahi)'라고 불렀다. 현재의 이름 '다이아몬드 헤드(Diamond Head)'는 19세기 이곳에 도착한 영국 선원들이 분화구에 반짝이는 것을 보고 다이아몬드가 있다고 생각해서 다이아몬드 헤드라는 이름을 붙였다고 한다. 사실 선원들이 본 것은 반짝이는 '방해석'이라는 돌이었다고 한다. 하와이의 이런 멋진 날씨와 햇살이라면 평범한 돌도 반짝이는 보석처럼 보일 만하지 않을까?

다이아몬드 헤드 하이킹
Diamond Head Hiking
하와이의 산과 바다를 모두 즐겨~

다이아몬드 헤드는 하이킹하기에 그리 어렵지 않은 코스다. 매표소를 통과해 콘크리트 길을 조금 걷고 나면 본격적으로 가파른 산길이 시작된다. 힘들면 멈춰 쉬기도 하면서 천천히 올라가자. 안 올라왔으면 어쩔 뻔했나 싶을 정도로 황홀한 태평양을 볼 수 있다.

● 하이킹이 뭐야? 왜 해야 해?

하이킹(hiking)에는 '어려움이 따르지 않는 걷기'라는 의미가 포함되어 있는데, 여유롭게 산이나 강, 들판을 걷는 걸 말한다. 하이킹은 걸으면서 아름다운 자연을 즐기는 야외 활동이다.

● 오를 준비 됐어?

□ 운동화 □ 물 □ 선크림 □ 모자 □ 카메라 □ 편한 옷

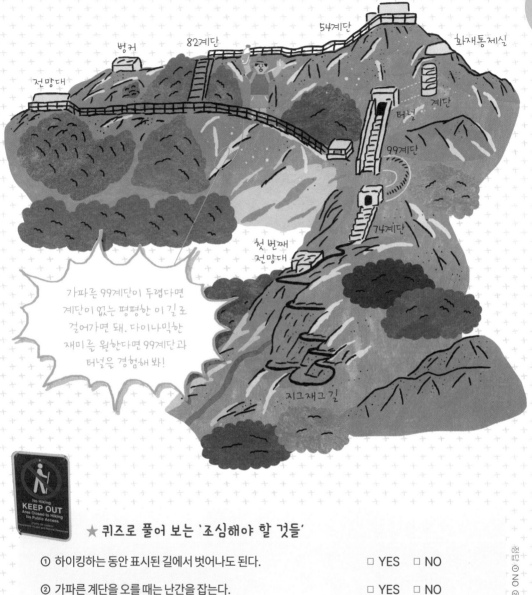

전망대정상

54계단

화재통제실

벙커

82계단

계단

터널

전망대

99계단

74계단

첫 번째
전망대

가파른 99계단이 두렵다면
계단이 없는 평평한 이 길로
걸어가면 돼. 다이나믹한
재미를 원한다면 99계단과
터널을 경험해 봐!

지그재그 길

No Hiking
KEEP OUT
Area Closed to Hiking
No Public Access

★ 퀴즈로 풀어 보는 '조심해야 할 것들'

① 하이킹하는 동안 표시된 길에서 벗어나도 된다.   ☐ YES   ☐ NO

② 가파른 계단을 오를 때는 난간을 잡는다.   ☐ YES   ☐ NO

③ 위험한 곳에서는 부모님의 손을 잡지 않고 까불어도 된다.   ☐ YES   ☐ NO

④ 부모님께 덥고 힘들다고 짜증낸다.   ☐ YES   ☐ NO

⑤ 급하게 이동하지 않고, 자신의 속도에 맞춰 안전하게 걷는다.   ☐ YES   ☐ NO

정답 ①NO ②YES ③NO ④NO ⑤YES

정상 전망대
태평양이 한눈에 보여~

바닷물에 물감을 푼 것처럼 바다의 색이 환상적이다. 하와이 바다 색은 한 가지가 아니라 여러 가지라는데 그 말이 믿기는 순간이다. 연두색, 청록색, 녹색, 파란색, 남색, 보라색, 자주색…….

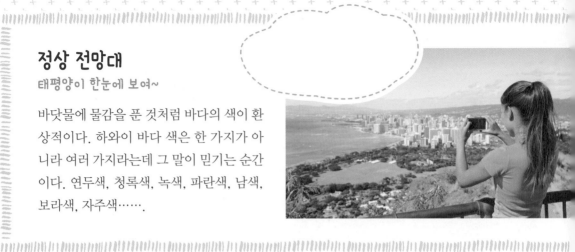

다이아몬드 헤드 등대
찾았다~ 빨간 모자를 쓴 등대~

정상에서 빨간 모자를 쓴 등대를 찾아보자. 이 등대는 1899년에 세워졌다. 옛날 렌즈를 그대로 사용하고 있는데, 이 등대의 불빛은 30km 떨어진 곳에서도 보인다고 한다.

트레일 완주 증명서
트레일 완주 성공을 인정하노라~ 쾅쾅!!

정상에 오른 내가 대견하다. 그럴 땐 완주하고 내려와 방문객 센터(Visitor Center)에서 트레일 완주 증명서를 받자. 공짜는 아니지만, 하와이를 생각나게 하는 훌륭한 기념품이 될 수 있다.

어린이도 쉽게 할 수 있는
오아후 하이킹 코스

마카푸우 트레일 &
마노아 폭포 트레일

하와이에는 매력적인 하이킹 코스가 많다. 그중에서 어린이들이 하기 어렵지 않고 멋진 코스 두 곳을 소개한다.

토끼섬

마카푸우 트레일 Makapuu Trail

이 하이킹 코스는 하이킹을 하는 내내 탁 트인 태평양을 보며 걸을 수 있다. 계단이나 가파른 길이 없어서 천천히 산책하듯 걸으면 된다.

등대

마노아 폭포 트레일
Manoa Falls Trail

오아후의 정글과 폭포를 만날 수 있는 코스이다. '도심 속 열대 우림'이라고 할 수 있다. 쉬운 하이킹 코스인데 열대우림과 시원한 숲을 경험할 수 있어서 현지 주민들에게도 인기 있는 곳이다.

KCC 파머스 마켓
다 먹어 볼 테닷~

하와이 곳곳에는 크고 작은 다양한 파머스 마
켓이 있는데, 그중에서도 대표적인 곳이 이곳
이다. 하와이에서 나는 과일이나 채소뿐 아니
라 숨은 맛집의 먹거리까지 온갖 종류의 먹거
리를 즐길 수 있는 곳이다. 무엇을 사고 먹을
수 있는지 살짝 들여다보자.

● **파머스 마켓이
뭐야?**

Farmers' Market은 '농산물 직판장'이다. 우리로 치면 시장쯤 되는데,
일주일에 한 번 사람들이 직접 기른 채소나 과일, 건강 음식 등을 파는
'반짝 시장'이다. 밭에서 바로 딴 신선한 채소와 과일, 즉석에서 요리한
음식들로 가득해서 하와이 현지인은 물론 관광객에게도 인기가 높다.

즉석에서 만든 버거 Burger

그 자리에서 바로 만들어 주는 맛있는
버거. 하와이 빅 아일랜드 목장에서
자란 소고기만을 사용한다고 해.

시원한 음료수 Juice

신선한 과일을 즉석에서 바로 짜 줘.
시원하고 달콤하고~.

맛있는 소시지 Sausage

원하는 소시지를 고르고, 빵(번)에 먹을지
스틱에 꽂아 먹을지를 선택하면 끝. 케첩
과 머스터드는 셀프야~.

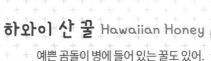

즉석에서 바로 구워서
뜨거워! 호호 불어
식혀 먹어~!

하와이 산 꿀 Hawaiian Honey

예쁜 곰돌이 병에 들어 있는 꿀도 있어.
하와이에서 채취한 꿀이라 선물로도 좋아.

다양한 과일 Fruits

하와이에서 나는 과일을 살 수 있어. 하와이 사람들
이 어떤 과일을 먹는지 한눈에 보여.

예쁜 꽃들 Flowers

하와이 사람들이 좋아하는 꽃의 종류가 우리랑
은 좀 달라 보여. 화려하고 싱싱해 보이는 현지
꽃들을 구경해~.

'분화구'를 만드는 화산 넌 누구냐?

하와이의 섬들은 모두 화산 활동으로 만들어진 섬이다. 하와이에는 지금도 여전히 용암이 뿜어져 나오는 화산(마우나로아 산과 킬라우에아 산)이 있다. 하와이와 더 친해지기 위해 화산이 무엇인지 알아보자.

지구의 땅(지각)은 지금 이 순간에도 끊임없이 움직이며 지구 곳곳에서 다양한 모습으로 자신의 생명력을 뿜내고 있다. 그중 하나가 화산인데, 어떻게 만들어지는 것일까?

우리나라의 화산섬과 분화구

우리나라에도 하와이와 같은 원리로 생긴 섬이 있다. 바로 제주도! 그렇다면 우리나라에는 다이아몬드 헤드 같은 분화구가 있을까? 바로바로~ 제주도 한라산에 있는 백록담과 북한 백두산의 천지가 대표적인 분화구이다.

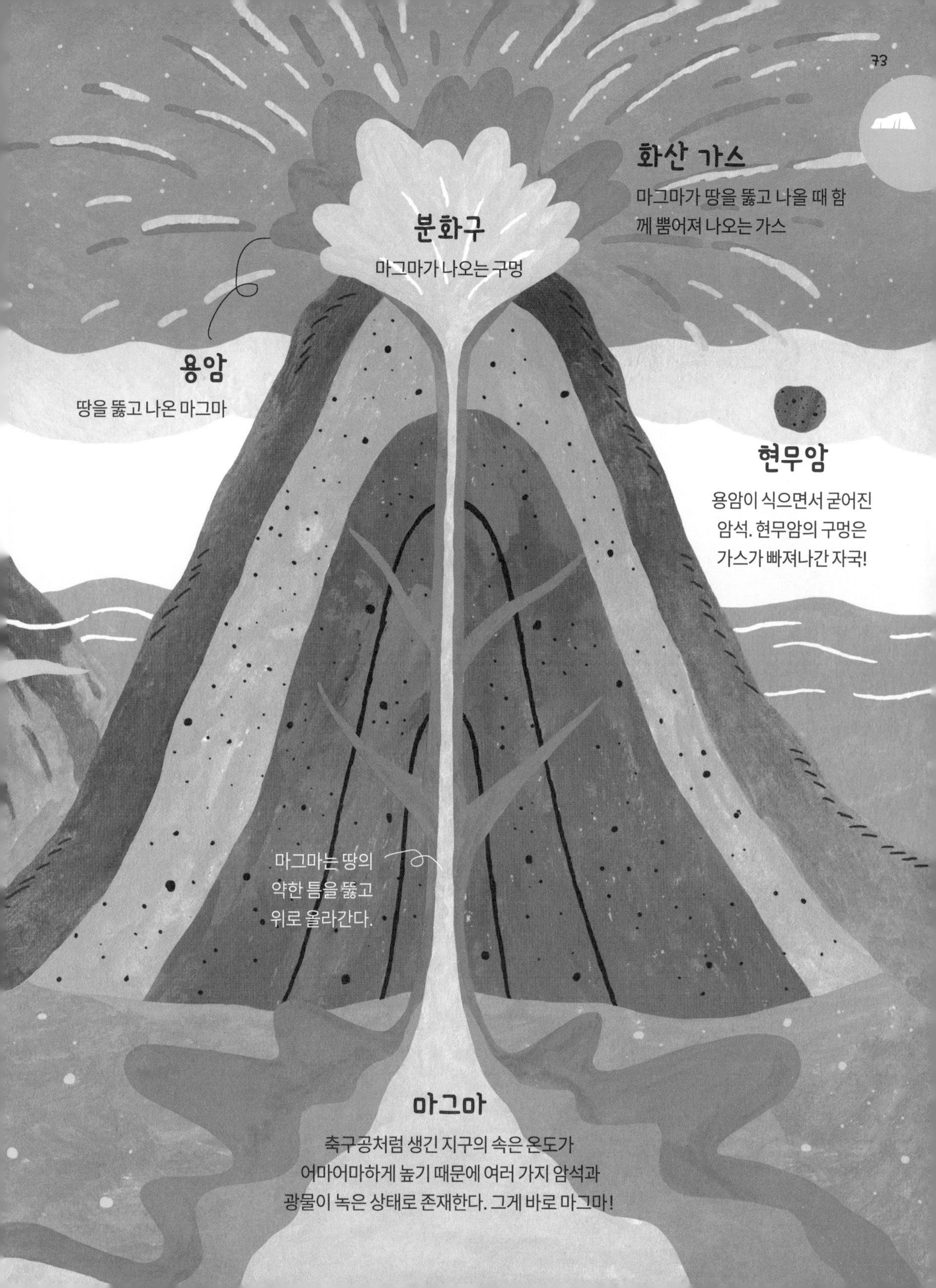

분화구

마그마가 나오는 구멍

화산 가스

마그마가 땅을 뚫고 나올 때 함께 뿜어져 나오는 가스

용암

땅을 뚫고 나온 마그마

현무암

용암이 식으면서 굳어진 암석. 현무암의 구멍은 가스가 빠져나간 자국!

마그마는 땅의 약한 틈을 뚫고 위로 올라간다.

마그마

축구공처럼 생긴 지구의 속은 온도가 어마어마하게 높기 때문에 여러 가지 암석과 광물이 녹은 상태로 존재한다. 그게 바로 마그마!

하와이를 만든 신화 속
펠레 여신

● 펠레 여신은 누구야?

펠레(Pele) 여신은 하와이 전설에 자주 등장하는데, 불(Fire)과 화산(Volcano)의 여신이다. 검은 머리카락을 가진 젊고 아름다운 여신이지만, 화가 나면 머리칼이 붉은 색으로 변하곤 한다. 그녀는 성질이 불같고 쉽게 화를 내며 질투심이 강하다.

펠레 여신이 사는 곳
하와이 섬의 킬라우에아 화산

하와이는 크게 6개의 섬으로 되어 있는데, 그중에서 가장 큰 섬이라 빅아일랜드(Big Island)라고도 불리는 하와이 섬(Hawaii Island)에는 아직도 용암을 내뿜는 활화산이 있다. 하와이 섬에는 5개의 커다란 활화산이 있는데, 그중에서도 펠레 여신이 산다는 킬라우에아(Kilauea) 화산은 세계에서 화산 활동이 가장 활발한 큰 화산이다. 이 화산의 분화구 전망대에서는 지금도 붉게 꿈틀대는 살아 있는 화산의 모습을 볼 수 있다.

전설에 의하면 펠레 여신이 하와이의 아름다운 섬들을 만들었다고 해. 그리고 그녀가 화가 나서 분노하면 화산이 폭발한대.

화산 주변에서 쉽게 볼 수 있는 꽃

슬픈 전설을 담고 있는 꽃
오히아 레후아

아주 옛날 펠레 여신이 숲을 지나다 오히아(Ohia)라는 남자를 보고 첫눈에 반해 그에게 고백을 했다. 하지만 그에게는 이미 사랑하는 부인 레후아(Lehua)가 있어 거절했고, 자신의 사랑을 거절했다는 것에 화가 난 펠레 여신은 오히아를 못생긴 나무로 만들어 버렸다. 나무가 된 오히아 곁에서 울고 있는 레후아를 본 신이 레후아와 오히아가 떨어지지 않도록 그녀를 붉은 꽃으로 만들어 주었다. 그래서 오히아 나무에는 항상 레후아 꽃이 피어나고 있다.

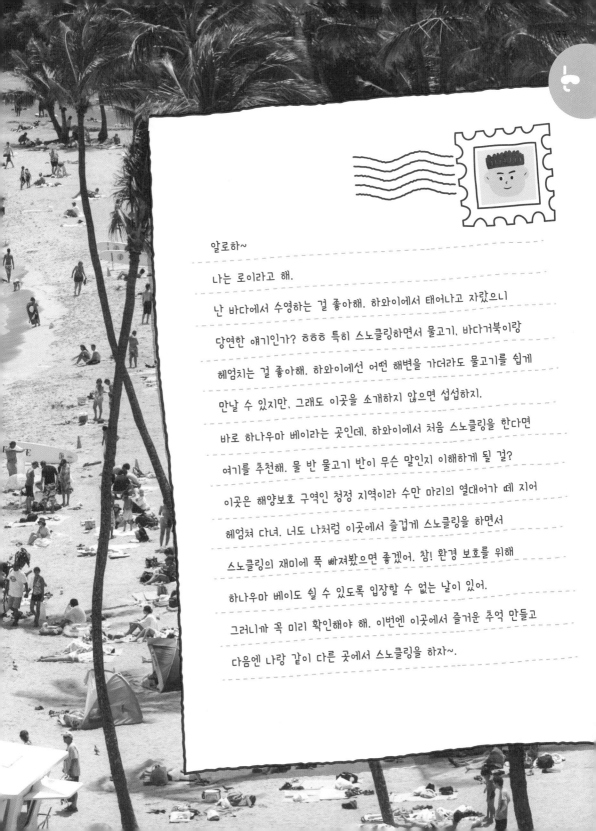

알로하~

나는 로이라고 해.

난 바다에서 수영하는 걸 좋아해. 하와이에서 태어나고 자랐으니

당연한 얘기인가? ㅎㅎㅎ 특히 스노클링하면서 물고기, 바다거북이랑

헤엄치는 걸 좋아해. 하와이에선 어떤 해변을 가더라도 물고기를 쉽게

만날 수 있지만, 그래도 이곳을 소개하지 않으면 섭섭하지.

바로 하나우마 베이라는 곳인데, 하와이에서 처음 스노클링을 한다면

여기를 추천해. 물 반 물고기 반이 무슨 말인지 이해하게 될 걸?

이곳은 해양보호 구역인 청정 지역이라 수만 마리의 열대어가 떼 지어

헤엄쳐 다녀. 너도 나처럼 이곳에서 즐겁게 스노클링을 하면서

스노클링의 재미에 푹 빠져봤으면 좋겠어. 참! 환경 보호를 위해

하나우마 베이도 쉴 수 있도록 입장할 수 없는 날이 있어.

그러니까 꼭 미리 확인해야 해. 이번엔 이곳에서 즐거운 추억 만들고

다음엔 나랑 같이 다른 곳에서 스노클링을 하자~

□ 생태계 보존을 위한 자연 보호 특별 구역이에요.

□ 사전 예약을 꼭 해야 해요.

□ 오전에 가야 바닷물도 깨끗하고 덜 더워요.

□ 도시락과 돗자리를 준비해요.

하나우마 베이

다양한 바다 생물을 만날 수 있는 곳 ★ 하나우마

베이는 스노클링을 즐기기에 최고의 장소이다. 이곳은 옛날 화산폭발로 만들어진 만(bay)인데, 해변이 넓고 이용할 수 있는 사람 수와 시간이 정해져 있어서 한적하게 스노클링을 즐길 수 있다. ★ 하나우마 베이는 파도가 세지 않고 다양한 바다 생물을 한눈에 볼 수 있다. 운이 좋은 날에는 거북이까지 볼 수 있는 매력적인 곳이다. ★ 얕은 바다인 데다 파도도 잔잔해서 아이들도 재밌고 안전하게 스노클링을 즐길 수 있다. ★ 단, 산호는 돌이 아니라 살아 있는 생명체이므로 산호를 밟지 않도록 조심해야 한다.

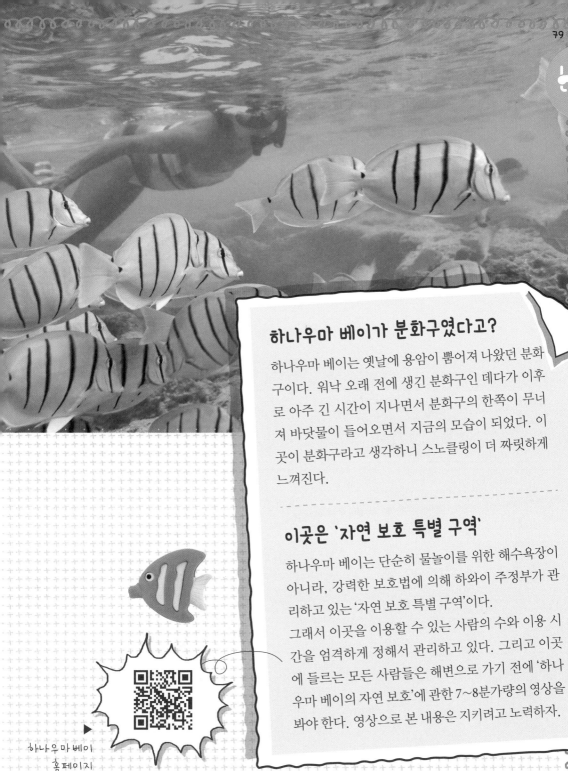

하나우마 베이가 분화구였다고?

하나우마 베이는 옛날에 용암이 뿜어져 나왔던 분화구이다. 워낙 오래 전에 생긴 분화구인 데다가 이후로 아주 긴 시간이 지나면서 분화구의 한쪽이 무너져 바닷물이 들어오면서 지금의 모습이 되었다. 이곳이 분화구라고 생각하니 스노클링이 더 짜릿하게 느껴진다.

이곳은 '자연 보호 특별 구역'

하나우마 베이는 단순히 물놀이를 위한 해수욕장이 아니라, 강력한 보호법에 의해 하와이 주정부가 관리하고 있는 '자연 보호 특별 구역'이다.

그래서 이곳을 이용할 수 있는 사람의 수와 이용 시간을 엄격하게 정해서 관리하고 있다. 그리고 이곳에 들르는 모든 사람들은 해변으로 가기 전에 '하나우마 베이의 자연 보호'에 관한 7~8분가량의 영상을 봐야 한다. 영상으로 본 내용은 지키려고 노력하자.

▶ 하나우마 베이
홈페이지

변기 볼

'변기 볼(Toilet Bowl)'이라는 이름을 가진 풀장. 변기의 물을
내릴 때 엄청난 회오리가 생기듯 그 모양이 닮아서 생긴
이름이다. 파도가 1m 이상 위아래로 움직인다.
여기까지 가기는 엄청 멀고 험하다.

열쇠 구멍 라군

거대한 열쇠 구멍(Keyhole) 모양의 라군(Lagoon).
깊이가 얕아 스노클링 초보자들에게 인기 있는
장소이다. 다양한 열대어를 만날 수 있다.

하나우마 베이에서 지켜야 할 규칙

- ☐ 물에 녹는 수용성 선크림과 오일은 해양 동물에게 해로우니 사용하지 않기
- ☐ 해양동물에게 먹이 주지 않기
- ☐ 모래, 산호, 조개껍데기를 (기념으로) 가지고오지 않기
- ☐ 산호초는 살아있는 생명체이므로 산호초 위를 걷거나 앉지 않기
- ☐ 오리발이나 다른 도구로 바다 밑의 모래를 휘젓지 않기
- ☐ 거북이를 만지거나 쫓아가지 않기
- ☐ 내 쓰레기는 반드시 가지고 돌아오기
- ☐ 낚시하지 않기
- ☐ 볼 일은 반드시 화장실에서 보기

마녀의 물약

마녀가 풀어 놓은 독약(Witch's Brew)처럼 동물의
사체나 각종 쓰레기가 가득 떠 있는 곳.
꽤 멀고 위험한 곳이라 진입 자체를
금지하는 경우가 많다.

HANAUMA BAY *lies within the*
Hawaiian Islands Humpback Wh

살아 있는 해양 박물관
하나우마 베이에서 대자연을 맛보자~

스노클링 Snorkeling
자연을 보호하며 바다 친구들을 만나~

쉽고 재밌고~
최고야~!

수심이 얕은 곳에서 스노클을 이용해 얼굴을 물속에 담근 채로 잠수하는 것을 스노클링이라고 한다. 바닷속의 아름다움을 온몸으로 경험할 수 있다.
스노클이라는 장비를 통해 숨을 쉬면서 잠수하기 때문에 물에 장시간 떠 있어도 크게 힘들지 않다. 그래서 수영 실력이나 나이에 상관없이 누구나 쉽게 즐길 수 있다.

스노클링 장비는 뭐야?
어떻게 착용해?

스노클링은 초보자도 쉽게 할 수 있지만, 장비를 제대로 착용하지 않으면 큰 사고가 일어날 수 있기 때문에 스노클링 장비를 올바른 방법으로 착용하는 것이 중요하다.

● 마스크

귀 위로
고무 끈이
오도록!

마스크(Mask)의 양쪽 밴드가 너무 느슨하지 않도록 하고, 머리카락이 마스크 안으로 들어가지 않도록 머리카락을 뒤로 모두 정리하고 쓴다. 뒤쪽 고무 끈은 귀 위까지 올려야 하는데, 고무 끈이 귀를 덮거나 귀밑으로 내려가면 마스크 안으로 물이 쉽게 들어간다.

● 스노클

스노클(Snorkel)은 물속에서 입으로 숨을 쉴 수 있게 해 주는 장비이다. 스노클의 살짝 튀어나온 부분을 어금니로 앙 깨물고, 그 바깥 부분을 입술로 완전히 덮는다.

마스크

스노클

바닷물을 안 먹으려면 스노클 착용을 잘 해야 해.

● 구명조끼

어린이들은 아무리 수영 실력이 좋더라도 반드시 구명조끼(Life Jacket)를 착용하는 것이 좋다. 양쪽의 줄을 당겨 꽉 조이게 해서 구명조끼와 몸이 따로 놀지 않도록 한다.

● 아쿠아 슈즈

날카로운 산호초 때문에 맨발로 다니는 건 위험하다. 아쿠아 슈즈(Aqua Shoes)로 발을 보호하자. 그렇다고 산호를 마구 밟아서는 안 된다. 산호는 살아 있는 생명체라는 거, 다시 한 번 명심!

이제 물고기 만나러 가 볼까~!

● 오리발

오리발(Flippers)은 초보자들에게 오히려 방해가 될 수 있으니, 오리발 없이 연습한 뒤에 착용하는 것이 좋다. 오리발을 신고 물 밖에서 이동할 때는 뒤나 옆으로 걸어야 넘어지지 않는다.

● 스노클링은 어떻게 해?

① 스노클에 있는 고리를 마스크 밴드에 걸고 얼굴에 쓴다.

② 마스크를 얼굴에 썼다면, 스노클을 물고 입으로 숨을 쉰다.

③ 먼저, 서 있는 상태에서 허리만 숙여 얼굴만 물속에 담그고 입으로 숨을 쉰다.

④ 스노클에 물이 들어갔을 땐, 입으로 촛불을 불듯 숨을 '후-' 하고 힘차게 내뱉으면 물이 '슉-' 하고 빠져나간다.

⑤ 이제 수영을 해 보자. 최대한 몸에 힘을 빼고, '나는 시체다' 하는 마음으로 수영한다. 구명조끼를 입어서 어렵지 않다.

⑥ 절대 코로 숨을 쉬면 안 된다. 코는 없다고 생각하고 닫아 두자. 코로 호흡하면 마스크 안으로 물이 새거나 마스크에 습기가 찰 수 있다.

⑦ 시선을 너무 바닥으로 두지 말자. 앞을 보지 못해 장애물에 부딪힐 수 있다. 고개를 살짝 들어 앞의 시야가 확보된 상태에서 스노클링한다.

'난 시체다' 하는
마음으로 떠다녀.

★ 스노클링할 때 이런 건 조심해!

☐ 중간중간 고개를 들어 자신의 위치 확인하기

☐ 혼자서 스노클링하지 않기

☐ 산호초 밟지 않기

☐ 물살 방향으로 헤엄치며 이동하기
  (물살 반대 방향으로 이동하면 힘들다.)

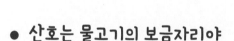

자연의 수호천사
산호

하나우마 베이의 바닷속은 물고기들의 놀이터인
산호(Coral)로 가득하다. 산호는 바다의 꽃, 보석이라
불릴 만큼 아름답다.

● 산호가 살아 있다고?

산호는 입 부분의 수많은 촉수를 이용해 동물성
플랑크톤을 잡아먹어. 그리고 산호의 표면에는
공생조류가 함께 살고 있는데, 이 조류의 도움으
로 영양분을 얻는다고 해.

● 산호는 1년에 1cm 정도 자라

그러니 산호를 무심코 밟거나 만지는 건 산호에
게 미안한 행동이겠지? 밟아 부러진 산호는 다
시 자라는 데 수년, 수십 년이 걸릴 테니까.

● 산호는 물고기의 보금자리야

지구 전체 바다에서 산호초가 차지하는 면적은
0.1%도 안 되지만, 해양 생물의 25%가 이곳에
서 살고 있어. 우리가 먹는 물고기의 25%가 산
호초 부근에서 잡혀.

● 지구 온난화를 막아 주는 산호

산호와 함께 사는 공생조류가 이산화탄소를 흡
수하고 산소를 내뱉는데, 이걸 광합성 작용이라
고 해. 이들의 광합성 능력은 열대 지방의 밀림
보다 뛰어나다고 하니 산호가 지구를 지켜 주고
있는 거야.

● 환경 오염에서 산호를 지키자!

그런데 이렇게 고마운 산호가 해수 오염과 수온
상승으로 큰 위협을 받고 있어. 산호가 살아야
지구도 살 수 있는데 말이야. 우리 함께 환경을
지키기 위해 평소에도 노력해~.

하와이 **열대어류**

하나우마 베이에서 바닷속 친구들을
알고 만난다면, 스노클링이 몇백 배 더 재밌겠지?

난 하와이를 대표하는
물고기야.
나를 꼭 찾아 봐!

**리프 트리거피쉬 /
후무후무누쿠누쿠아푸아아**
Reef Triggerfish /
Humuhumunukunukuapuaa

하와이어

영어

컨빅트 탱 / 마니니
Convict Tang / Manini

하와이안 서전트(날쌔기) / 마모
Hawaiian Sergeant / Mamo

옐로 탱 / 라우이팔라
Yellow Tang / Lauipala

블루라인 스내퍼 / 타아페
Blueline Snapper / Taape

무리시 아이돌(깃대 돔) / 키히 키히
Moorish Idol / Kihi Kihi

트럼펫피시 / 누누
Trumpetfish / Nunu

스팟 박스피시(점무늬 복어) / 모아
Spotted Boxfish / Moa

레몬 버터플라이 /라우 윌리윌리
Lemon Butterfly Fish /Lau Wiliwili

오렌지스핀 탱 / 우마우마레이
Orange-spined Tang /
Umaumalei

스레드핀 버터플라이 / 라우 하우
Threadfin Butterfly Fish
/ Lau Hau

아킬레스 탱 / 파쿠 이쿠이
Achilles Tang / Paku Ikui

버드 래스 / 히나레아 이이위
Bird Wrasse / Hinalea Iiwi

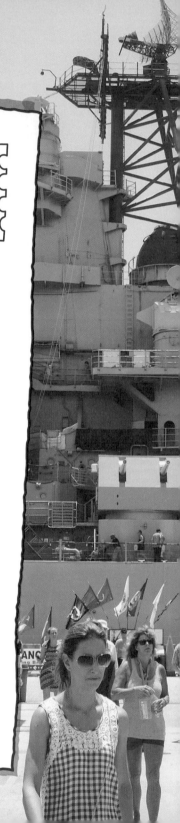

헬로~!

나는 미국의 미주리 주에 살고 있는 빅토리아라고 해.

우리 아빠는 해군 소위인데, 지금은 하와이 진주만에서 근무하고 계셔.

그래서 아빠는 하와이에, 엄마랑 나랑 남동생은 미주리 주에 살아.

그래도 아빠를 만나러 하와이에 자주 가게 돼. 하와이 이곳저곳을 구경하는

게 너무 재미있어. 대부분 친구들은 하와이를 그저 재밌게 노는 휴양지로

생각하잖아. 나도 아빠가 일하시는 곳인 진주만에 가 보기 전까진 그랬어.

그런데 가 보니까 하와이는 전쟁의 커다란 상처를 가지고 있는 곳이더라구.

진주만에는 제2차 세계대전 당시의 흔적들이 고스란히 남아 있어.

아빠의 설명을 들으니 눈물이 핑 돌더라.

우리가 이런 곳을 방문하며 역사를 배우고 과거를 기억하려 노력하는 건

아픈 역사더라도 과거와 같은 실수나 아픔을 반복하지 않기 위해서 아닐까?

물론 우리를 위해 희생한 많은 사람들을 기억하기 위해서이기도 해.

시간이 된다면 이곳 진주만에 들러 보는 건 어떨까?

Pearl
Harbor

제2차 세계대전의
아픔을 품은 곳

진주만

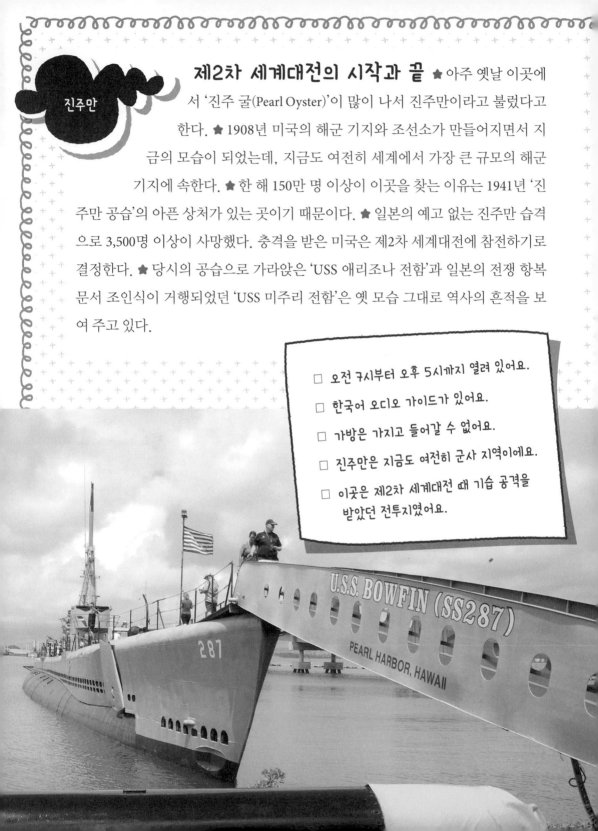

제2차 세계대전의 시작과 끝

★ 아주 옛날 이곳에서 '진주 굴(Pearl Oyster)'이 많이 나서 진주만이라고 불렀다고 한다. ★ 1908년 미국의 해군 기지와 조선소가 만들어지면서 지금의 모습이 되었는데, 지금도 여전히 세계에서 가장 큰 규모의 해군 기지에 속한다. ★ 한 해 150만 명 이상이 이곳을 찾는 이유는 1941년 '진주만 공습'의 아픈 상처가 있는 곳이기 때문이다. ★ 일본의 예고 없는 진주만 습격으로 3,500명 이상이 사망했다. 충격을 받은 미국은 제2차 세계대전에 참전하기로 결정한다. ★ 당시의 공습으로 가라앉은 'USS 애리조나 전함'과 일본의 전쟁 항복 문서 조인식이 거행되었던 'USS 미주리 전함'은 옛 모습 그대로 역사의 흔적을 보여 주고 있다.

□ 오전 7시부터 오후 5시까지 열려 있어요.

□ 한국어 오디오 가이드가 있어요.

□ 가방은 가지고 들어갈 수 없어요.

□ 진주만은 지금도 여전히 군사 지역이에요.

□ 이곳은 제2차 세계대전 때 기습 공격을 받았던 전투지였어요.

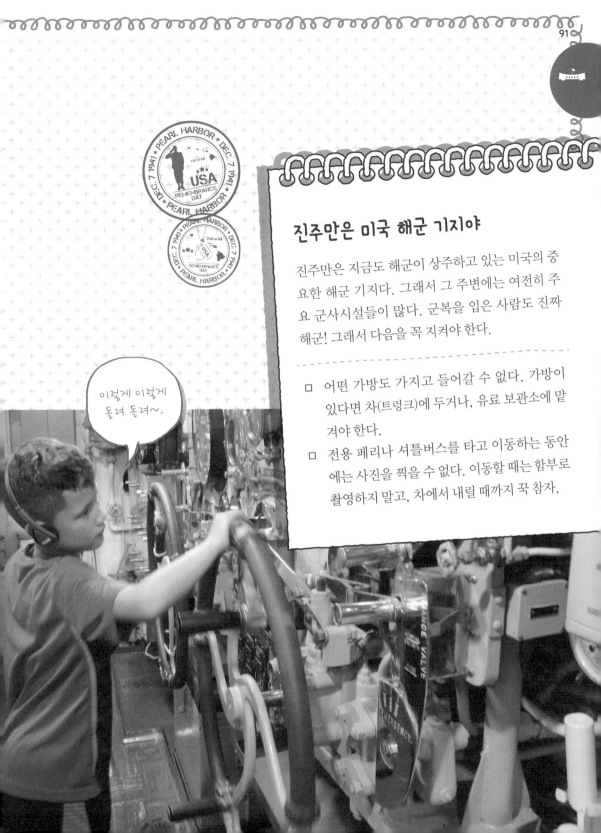

이렇게 이렇게
돌려 돌려~.

진주만은 미국 해군 기지야

진주만은 지금도 해군이 상주하고 있는 미국의 중요한 해군 기지다. 그래서 그 주변에는 여전히 주요 군사시설들이 많다. 군복을 입은 사람도 진짜 해군! 그래서 다음을 꼭 지켜야 한다.

- ☐ 어떤 가방도 가지고 들어갈 수 없다. 가방이 있다면 차(트렁크)에 두거나, 유료 보관소에 맡겨야 한다.
- ☐ 전용 페리나 셔틀버스를 타고 이동하는 동안에는 사진을 찍을 수 없다. 이동할 때는 함부로 촬영하지 말고, 차에서 내릴 때까지 꾹 참자.

PACIFIC AVIATION MUSEUM

태평양 항공 박물관

USS 미주리 기념관

셔틀 버스

USS 보우핀 잠수함

해군

38-3

페리

USS 애리조나 기념관

USS 애리조나 기념관
USS Arizona Memorial
진주만 공습의 희생자들이 잠들어 있는 곳

진주만 공습 때 침몰한 애리조나 전함과
그날 그 전함에 있었던 1,177명의 군인이
잠들어 있는 가슴 아픈 역사의 장소이다.
바다 아래로 가라앉은 애리조나 호 위에
기념관을 세워 그들의 영혼을 추모하고
있다. 기념관 끝에는 대형 추모비가 있는
데 전사자들의 이름이 모두 적혀 있다.

가라앉은
전함

● 해군이 모는 페리를 타고 이동해~

애리조나 기념관을 방문하려면 20분가량의
다큐멘터리를 봐야 한다. 이 다큐멘터리는
진주만 공습 이야기와 생존자의 인터뷰 등의
내용이 담겨 있다. 만약 오디오 가이드
가 있다면 한국어 가이드 설명을
들을 수 있다.

애리조나 기념관까지는
페리를 타고 가. 페리를 안내하고
운전하는 사람은
진짜 미국 해군이야.

★ 기념관 주변으로 검은 기름이 보이는데, 전함에서
아직도 기름이 새어 나오고 있어서야. 기름통을 분리하
면 배가 망가질 수 있어서 펜스로 기름통 주변을 둘러
싸 주변의 바다를 보호하고 있어. 사람들은 이 기름을
'검은 눈물(Black Tears)'이라고 불러.

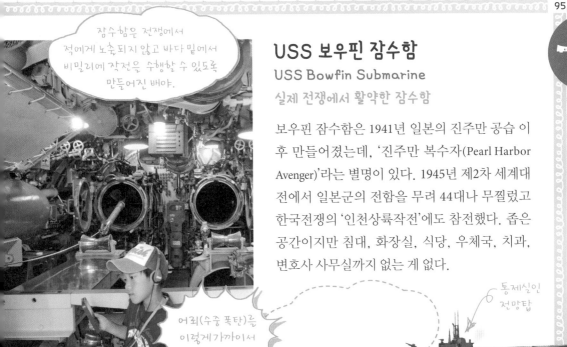

잠수함은 전쟁에서 적에게 노출되지 않고 바다 밑에서 비밀리에 작전을 수행할 수 있도록 만들어진 배야.

어뢰(수중 폭탄)를 이렇게 가까이서 보다니~!

통제실인 전망탑

USS 보우핀 잠수함
USS Bowfin Submarine
실제 전쟁에서 활약한 잠수함

보우핀 잠수함은 1941년 일본의 진주만 공습 이후 만들어졌는데, '진주만 복수자(Pearl Harbor Avenger)'라는 별명이 있다. 1945년 제2차 세계대전에서 일본군의 전함을 무려 44대나 무찔렀고 한국전쟁의 '인천상륙작전'에도 참전했다. 좁은 공간이지만 침대, 화장실, 식당, 우체국, 치과, 변호사 사무실까지 없는 게 없다.

USS 보우핀 박물관
USS Bowfin Museum
잠수함을 좋아한다면 절대 놓치지 마~

보우핀 잠수함에서 나오면 기념품 가게 맞은편에 잠수함 박물관이 있다. 잠수함 초기 모형, 잠수복, 핵 잠수함의 조종판 등이 전시되어 있다. 잠수함에 관심이 많은 어린이들은 꼭 들러 보자. 이곳 역시 한국어 오디오 가이드가 제공된다.

★ 이곳에는 제2차 세계대전 때 보우핀 잠수함에 의해 구출된 공군 병사 사진이 있는데, 훗날 미국의 41대 대통령이 된 젊은 군인 조지 부시도 있어.

USS 미주리 기념관
USS Missouri Memorial
제2차 세계대전의 끝

미주리 전함은 진주만 공습 이후에 만들기 시작해 완성되는데 3년이 걸렸는데, 축구장 3개 크기에 14층 건물 높이로 엄청나게 크다. 제2차 세계대전과 한국전쟁, 걸프전쟁 등 20세기 역사의 주요한 전장을 누볐던 전함이다. 1945년 일본군이 제2차 세계대전에 항복한다는 문서에 서명을 하며 전쟁이 끝나고, 우리나라도 해방을 맞이하게 되었던 역사의 현장이 바로 미주리 전함이다.

★ 미주리 전함은 한국전쟁(6·25전쟁)의 '인천상륙작전'에도 참여해 큰 공을 세우기도 했어.

● 뒤집힌 성조기

미주리 전함에는 별의 개수가 31개인 뒤집힌 성조기(미국 국기)가 있다. 이 성조기에는 특별한 의미가 있는데, 뭘까?

이 성조기는 1945년 일본이 항복 문서에 사인을 할 당시 걸어 두었던 것(그 당시 48개 주)인데 미국이 일본을 개항시킨 1853년(그 당시 31개 주)에 사용했던 성조기다. 100년 가까이 된 성조기를 항복 장소에 걸었던 이유는 '너희는 92년 전 미국이 개항시킨 뒤 발전을 거듭했음에도 그 은혜를 모르고 공격했으니 앞으로 주의하라'는 의미였다.

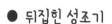

이게 미국 국기야. 별이 국기의 왼쪽에 있지?

미국 국기에서 별의 개수는 미국 주(State)의 개수를 가리켜. 지금 국기엔 50개의 별이 있어.

태평양 항공 박물관
Pacific Aviation Museum
전쟁 당시의 전투기들을 가까이서 봐~

전쟁 당시 진주만에는 해군 기지를 지키기 위한 비행장과 두 개의 격납고가 있었다. 이 두 개의 격납고가 현재의 박물관으로 탈바꿈한 것이다. 이곳은 1941년 일본이 침공했을 때 일본의 첫 번째 공격 목표 지점이었다고 한다. 당시 깨진 유리와 벽의 잔해가 그대로 전시되어 있다. 이곳에서 제2차 세계대전에 참전했던 실제 전투기들도 볼 수 있다.

★ 사진 속 비행기는 1941년 진주만 공습 때 일본군이 직접 타고 왔던 전투기야.

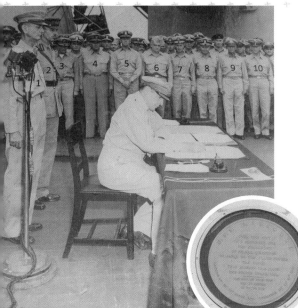

● 조인식 장소 & 항복문서

사람들은 미주리 전함을 제2차 세계대전의 끝이라고 부른다. 이유는 일본이 미국에 항복한다는 문서에 서명을 한 곳이 바로 미주리 전함 갑판이기 때문이다. 정확히는 1945년 9월 2일 일본의 도쿄 만(harbor)에 정박해 있던 미주리 전함의 갑판 위였다.

★ 갑판 바닥에 번쩍이는 기념 동판이 눈에 띌 거야. 그곳이 바로 일본 외무상인 시게미스 마모루가 천황을 대신해 항복 문서에 서명했던 곳이야.

진주만 공습

1853년

미국, 일본 수교

미국이 일본의 개항을 허락해서 수교를
맺게 돼. 이것으로 일본은 미국의 선진
문물을 받아들여 아시아에서는 가장 발전한
국가로 성장하지.

일본은 한국을 식민지 삼고, 더 나아가
중국 대륙을 침략할 계획을 세워.

일본의 동남아
침략의 확대

1937년

중일전쟁 그리고
진주만 습격

일본은 중국보다 앞선 자신들의 무기를 믿고 중일전쟁을
일으켜. 하지만 중국은 넓어서 예상보다 힘든 전쟁이 되지.
그래서 전쟁 기간이 길어져. 전쟁이 길어지니 일본은 더 많은 석유와 석
탄이 필요해져. 그래서 자원이 풍부한 아시아를 탐내게 되지. 일본의 이
러한 태도에 반발한 미국, 영국, 네덜란드 등은 중국과 함께 일본에 대한
모든 자원(석유 같은) 공급을 끊어 버려.

하지만 일본은 이 문제를 해결하기 위해서
동남아시아 진출을 더욱 강하게 밀어붙여.
동시에 일본은 아무도 예상 못한 계획을
세워. 바로 필리핀을 식민지로 삼고 있는
미국의 해군 기지인 진주만을 습격하는 거
였어.

◀ 미국의 해군 기지인 진주만 습격 장면

1945년

원자폭탄 투하와 전쟁의 끝

미국은 일본 히로시마와 나가사키에 원자
폭탄을 떨어트리고, 일본 천왕은 항복을 선
언해. 이로써 제2차 세계대전은 끝이 나.

그 후, 전쟁에 참여한 국가들은 제2차 세계
대전의 아픔을 상기하고, 그 계기로 '세계 평
화와 안전 유지'를 목적으로 국제연합(UN)
을 출범시켜서 세계 평화를 지키고 있어.

1941년
12월 7일

미국, 제2차 세계대전에 참전

일요일 이른 아침, 일본군은 진주만을
갑자기 공격해. 전투기와 전함이 파괴되고
3,500명의 미군이 사망했지.

미국은 분노하고 이를 계기로
제2차 세계대전에 참전하기로 결정해.
그 후 일본과 미국 간의 치열한 전투가
벌어져.

제2차 세계대전
그것이 궁금해~

미주리 전함 앞에서 키스하는
이 사람들은 누구야?

1945년, 일본의 항복으로 전쟁이 끝나자 많은 사람들이 미국의 타임스퀘어로 쏟아져 나왔어. 그중 전쟁에서 돌아온 한 해병이 길거리에서 만나는 여자마다 닥치는 대로 기쁨의 키스를 퍼부으며 전쟁의 끝을 축하했대. 그 장면을 한 유명한 사진 작가가 찍었고 <수병과 간호사의 키스>라 이름 붙여서 종전(전쟁의 끝)의 상징이 되었지. 근데 이 둘은 모르는 사이라는 거~.

들어가서 직접
잠수함을
통제해 봐.

드럼통같이 생긴
이건 뭐지?

잠수함의 전망탑(Conning Tower)이야. 잠수함 통제실 윗부분에 있는 건데, 잠수함의 항로를 조정하고 어뢰(물고기 모양의 수중 폭탄)를 조준하는 곳이야. 전망탑 옆에 잠망경이 있는데, 잠수함 안에서 밖의 상황을 확인할 수 있는 용도였어.

보우핀 잠수함의 갑판에 있는 함포는 언제 사용할까?

바닷속에서 사용하는 함포(배에 장착된 대포)는 아니야. 잠수함이 바다 위로 올라왔을 때 대공용(비행기 같은 공중의 목표물을 상대하는 용도)과 수상용(물 위의 전함을 목표로 상대하는 용도)으로 사용했던 거야.

미사일이야?

일본의 자살 공격 어뢰인 '카이텐'인데, 어뢰 안에 사람이 타고 공격하는 거야. 공격 직전에 위로 탈출할 수 있게 되어 있는데, 탈출한 일본군은 한 명도 없었어. 카이텐으로 죽은 일본군은 96명인데 카이텐이 침몰시킨 미국 전함은 고작 1대였어.

식수는 어떻게 해결했을까?

수많은 수병(해군 병사)의 식수와 생활용수를 배에 싣고 다니는 건 불가능했어. 그래서 바닷물을 끓여 활용했대. 바닷물을 끓여서 나온 수증기를 식히면 소금기 없는 물이 만들어져. 이런 방법을 '증류'라고 하는데, 이 증류수를 식수와 생활용수로 사용했어.

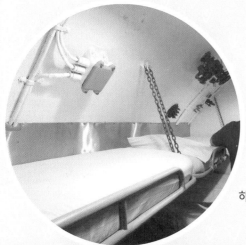

침대 수는?

수병들은 교대로 근무하기 때문에 수병의 수보다 훨씬 적은 수의 침대가 있어. 자고 있던 수병이 일어나고 그 자리에 교대하고 온 수병이 잠을 자는 시스템이었어.

Downtown 시내 한복판에
역사가 그대로

다운타운

알로하~

난 역사에 관심이 많은 대니얼이라고 해.

여기로 여행 오는 내 또래 친구들은 대부분 와이키키 같은 해변에서

놀기만 하더라구. 나도 수영하고 모래 놀이하는 거 좋아하지만

그거 말고도 하와이의 다른 모습을 볼 수 있는 흥미로운 곳이 많은데

모르는 거 같아서 늘 안타까웠어.

그래서 너한테 하와이의 역사를 느낄 수 있는 곳을 소개하려구.

하와이는 미국인데 뭔가 이상하게 미국 같지 않다고 느끼지 않았어?

하와이는 1959년, 지금으로부터 고작 70여 년 전에 미국이 됐어.

그 전엔 하와이 왕국이었어. 대통령이 아닌 왕이 통치하는 곳이었지.

그 흔적들을 호놀룰루 다운타운에서 확인할 수 있어. 미국의 유일한

궁전이랑 왕들의 이야기가 궁금하지 않아?

다운타운은 세련되고 현대적인 빌딩들도 많고 그 속에 오래된 건물들도

많아서 새로운 것과 오래된 것을 동시에 볼 수 있는 독특한 곳이야.

그런 다운타운에서 옛 하와이와 요즘 하와이를 만나보는 거 어때~?

□ 궁전은 오전 9시에 열어서 오후 4시에
   닫아요. 일요일과 공휴일에는 쉬어요.

□ 한국어 오디오 가이드가 있어요.

□ 궁전 안에서 뛰거나 소리 지르지 말아요.

□ 궁전의 모든 유물은 만지지 않도록 해요.

시내에 뭐가 있다는 거야?

다운타운

★ 하와이는 미국의 50번째 주(State)이지만, 하와이 곳곳에 미국 문화와는 전혀 다른 옛 하와이의 오랜 역사가 녹아 있는 건물과 관광지가 많다. ★ 하와이는 1959년 미국이 되기 전까지 왕이 통치하는 왕국이었다. 그래서 미국은 하와이 덕분에 왕조 역사를 가진 나라가 되었다. ★ 다운타운에서 미국 유일의 왕조인 하와이 왕조 역사를 볼 수 있다. ★ 왕족이 살았던 이올라니 궁전, 하와이 섬을 통일한 카메하메하 왕의 동상 등 관광지들이 한곳에 모여 있다. ★ 신기하게도 비즈니스 빌딩이 모여 있는 시내 중심에 옛 하와이 건물들이 있다. 와이키키와는 다른 현지인들의 생활 모습도 보고 하와이의 역사도 들여다볼 수 있는 곳이다.

특별한 날의 다운타운

다운타운이 평소와는 다른 특별한 모습을 보여 주는 날이 있다. 킹 카메하메하의 탄생 기념일인 6월 11일과 크리스마스 시즌 때이다. 6월 11일은 킹 카메하메하 동상이 가장 아름다울 때인데, 동상에 10m가 넘는 형형색색의 레이(Lei) 수십 개를 걸어 장식한다. 크리스마스 시즌이 되면 시청 앞은 산타클로스 동상과 다양한 크리스마스 장식으로 꾸며져 많은 사람들이 찾아와 사진을 찍는다. 따뜻한 곳에서의 특별한 크리스마스를 경험해 볼 수 있다.

▲ 6월 11일
킹 카메하메하 동상의 모습

메리 크리스마스!
멜레 카리키마카!

하와이 주청사

이올라니 궁전

하와이 주립 도서관

알로하 타워

킹 카메하메하

카와이아하오 교회

킹 카메하메하 동상
King Kamehameha Statue
하와이 섬을 통일한 하와이의 왕

많은 관광객들이 킹 카메하메하 동상 앞에서 기념촬영을 한다. 왜일까?

카메하메하 1세는 1795년부터 1819년까지(24년간) 하와이를 통치했는데, 1810년 수십 개로 흩어져 있던 하와이 섬을 하나로 통일했다. 뿐만 아니라 서구 문명을 적극적으로 받아들여 하와이의 사회 발전과 경제 성장을 이끌어 낸 역대 하와이 왕 중 가장 큰 존경을 받는 왕이다.

● 동상의 숨겨진 이야기

킹 카메하메하 동상은 쿡 선장이 하와이를 발견한 지 100주년이 되는 것을 기념하기 위해 만들어졌다. 그 당시 이탈리아에 살고 있던 미국 출신의 예술가가 동상의 원형을 제작하고, 그 원형을 프랑스로 보내 색을 입힌 다음 배에 실어 하와이로 보냈다. 그런데 동상을 싣고 오던 배에 불이 나서 침몰했고, 다시 동상을 제작했다. 이후 침몰한 동상을 건져 올렸는데 두 동상 중 상태가 좋았던 나중에 만든 동상을 이올라니 궁전 앞에 세우고, 처음 만든 동상은 카메하메하 왕의 고향인 빅 아일랜드에 세우게 됐다고 한다.

KAMEHAMEHA I

이올라니 궁전 Iolani Palace
미국 유일의 궁전

하와이에는 미국 유일의 궁전, 이올라니 궁전이 있다. 1882년에 세워졌는데, 이올라니(Iolani)는 '하늘을 나는 신성한 새'라는 뜻으로, 천상에 있는 왕의 집을 의미한다. 이 궁전을 지은 칼라카우아 왕(King Kalakaua)은 '유쾌한 왕'이라는 별명을 얻었을 만큼 세계 여행을 즐겼고, 서구 문물에 관심이 많았다고 한다. 그 영향으로 이 궁전은 유럽풍(빅토리아 피렌체 양식)으로 지어졌다.

★ 궁전 보존을 위해 이런 덧버선을 착용해. 오디오 투어를 기다리며 앉아 있으면 예쁜 하와이 전통 의상을 입은 직원이 오디오와 덧버선을 나눠 줘. 보기엔 조금 웃기지만 아름다운 궁전을 보존하기 위한 거야.

한국어 오디오 가이드가 있어~! 오디오 액정에는 궁전 내부의 지도가 나와서 어디서 어떤 설명을 들어야하는지 쉽게찾을 수 있어.

좀 더 높이 뛰어 봐!!

궁전 안 뜰

이곳 대관식 파빌리온(Coronation Pavilion)에서 매주 금요일 낮 12시부터 1시까지 35인조 로열 하와이언 밴드가 연주를 한다. 옛날 왕족들도 이곳에서 연주를 들으며 파티를 벌였다고 한다.

왕조의 문장

사방의 4개 출입문에는 왕조의 문장이 걸려있다. 문장 속에는 UA MAU KE EA O KA AINA I KA PONO라고 쓰여 있는데 '이 땅의 생명은 정의에 의해서 영원히 유지된다'라는 뜻으로 카메하메하 3세가 한 말이다. 하와이 주 동전에도 나오는 말이다.

별관

별관인 이올라니 바락스(Iolani Barracks)는 영국의 어느 성을 축소해 놓은 것 같은 건물이다. 왕실 군대를 수용하기 위해 지어졌는데, 지금은 궁전 매표소로 쓰이고 있다. 원래 위치는 여기가 아니었는데, 벽돌을 하나씩 옮겨 궁전 옆으로 옮겨 왔다고 한다.

※ barracks 막사 (군인들이 머물 수 있도록 만든 건물)

트론룸

대형 연회장(Throne Room). 다른 나라의 왕이나 사절단이 오면 이곳에서 행사를 가졌다. 왕족의 공식적인 행사가 열렸던 곳이다.

★ 이올라니 궁전은 백악관보다 4년 먼저 전기가 들어온 곳이야. 칼라카우아 왕은 전기를 설치하기 위해 뉴욕을 방문해 토머스 에디슨을 만났대.

블루 룸

작은 연회장. 고급스러운 파란색이 시선을 끈다.

만찬장

만찬장(Dining Room)에서 가장 큰 의자가 왕이 앉았던 의자이다.

그랜드 홀 & 코아 나무 계단

코아(Koa) 나무는 부의 상징이었다.

궁전의 아름다움을 더해 주는 샹들리에. 방마다 샹들리에의 모양이 달라서 구경하는 재미도 쏠쏠해.

궁전 2층   왕의 사적인 공간

그 시대에 수세식 변기라니~.

그 당시 따뜻한 물과 찬물이 나오는 두 개의 수도 꼭지가 있었다니 놀라워~.

골드 룸

아늑한 분위기의 골드 룸(Gold Room)은 왕족들이 음악을 만들고 연주했던 공간이다. 하와이 왕족들은 음악에도 지식과 경험이 풍부해서 작사, 작곡과 연주를 즐겼다고 한다. 릴리우오칼라니 여왕이 만든 <알로하 오에 Aloha Oe>의 악보를 볼 수 있다.

퀼트 룸

퀼트가 전시된 이 방(Imprisonment Room)은 릴리우오칼라니 여왕이 감금되었던 곳이다. 하와이 왕조를 지키고자 했던 여왕의 노력이 반역을 시도한 것으로 여겨져 감금되었는데, 여왕은 감금된 동안 과거의 행복했던 날과 현재의 슬픔을 퀼트 속에 담았다고 한다.

왕의 서재

전화기 등 왕이 세계를 여행하며 수집한 다양한 기념품들로 가득한 방이다. 이 당시에 전화기가 있었다니~. 책을 읽고 작곡을 하고 민생에 힘쓰던 왕의 모습이 상상된다.

하와이 주청사
The Hawaii State Capitol
하와이를 상징하는 구조물을 찾아봐~

'청사'는 관청의 사무실로 쓰이는 건물을 말한다. 이 건물은 하와이 주 정부 청사인데, 하와이 지형을 상징화해 만들어졌다. 건물 주변의 연못은 태평양을, 외벽은 화산을, 거대한 기둥은 야자수를 상징한다.

★ 신기하게 청사 중앙 천장이 뻥 뚫려 있어~.

● 릴리우오칼라니 동상

청사 뒤쪽에는 하와이 최후의 여왕 릴리우오칼라니의 동상이 있는데, 자신이 작곡한 <알로하 오에>의 악보를 손에 들고 있다.

LILI UOKALANI

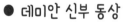

하와의 자유와 민주주의를 위해 아이젠하워 대통령이 보낸 치유의 종

● 데미안 신부 동상

청사 정면에는 데미안 신부 동상이 있다. 하와이 몰로카이 섬의 나병 환자촌에서 16년 동안 나병 환자를 돌보다 본인 역시 나병에 걸려 세상을 떠난 벨기에 출신의 천주교 신부를 기리기 위한 동상이다.

카와이아하오 교회
Kawaiahao Church
벽돌이 아니라 산호로 만든 교회라고?

이 교회는 〈죽기 전에 꼭 가봐야 할 세계 역사 유산 1001〉에 선정된 곳으로, 하와이에서 가장 오래된 건축물(1842년)이다. 해변에서 구해온 1만 4천여 개의 산호 블록으로 만들어져서 연분홍빛 산호색을 띠고 있다. 옛날, 왕족들도 이곳에서 예배를 보았는데, 교회 2층엔 21명의 하와이 왕족들의 초상화가 전시돼 있다. 이 교회에서는 지금도 예배를 드리고 결혼식도 열린다.

다양한 하와이 여행책도 있어.

하와이 주립 도서관
Hawaii State Library
도서관마저 하와이다워~

중앙 뜰이 인상적인 아름다운 도서관. 하와이 주민뿐만 아니라 관광객도 편히 책을 볼 수 있는 곳이다. 2층에 있는 어린이 전용 섹션(Children Section)은 다양한 어린이 도서뿐 아니라 독서 프로그램, 퍼즐 타임 등 어린이를 위한 다양한 행사도 있다. 관광객도 여권과 발급비를 내고 도서 카드를 만들어 책을 빌릴 수 있다. 자세한 내용은 www.librarieshawaii.org에서 확인해 보자.

★ 일요일은 닫아. 요일마다 문을 열고 닫는 시간이 다르니 꼭 확인하고 방문하자.

알로하 타워 Aloha Tower
처음 하와이 무역이 시작되고
관광객이 들어온 곳

알로하~
Welcome!
어서 오세요~.

알로하 타워는 1926년에 하와이에서 가장 큰 호놀룰루 항구에 세워졌다. 지금은 비행기를 타고 하와이로 오가지만 그 당시엔 배가 유일한 방법이었다. 그때 알로하 타워는 지금의 공항과 같았던 곳! 도착하는 이들에게는 환영의 기쁨이, 떠나는 사람에게는 이별의 슬픔이 교차하던 곳이었다. 알로하(Aloha)는 Hello와 Good-bye 두 가지 뜻을 가지고 있으니 이곳과 참 잘 어울리는 이름이다.

▼ 1926년 완공 당시의 엘리베이터를 그대로 사용하고 있다. 타워 9층에는 박물관, 10층에는 전망대가 있다. 전망대에 오르면 다운타운과 항구의 모습을 한눈에 볼 수 있어서 많은 관광객들이 찾는 곳이다.

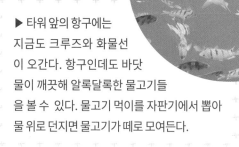

▲ 그 당시 환영과 작별을 기념하기 위해 훌라춤을 추었다는 것을 상징하기 위해 훌라춤 추는 동상을 타워 곳곳에 세워 두었다.

▶ 타워 앞의 항구에는 지금도 크루즈와 화물선이 오간다. 항구인데도 바닷물이 깨끗해 알록달록한 물고기들을 볼 수 있다. 물고기 먹이를 자판기에서 뽑아 물 위로 던지면 물고기가 떼로 모여든다.

하와이의
차이나타운

여러 나라의 도시에는 작은 중국이라고 하는 '차이나타운
(Chinatown)'이 있다. 중국에서 이민 온 중국인들끼리 모여 하나
의 타운을 만든 것이다.

하와이의 차이나타운은 일반적인 차이나타운과는 달리 깨끗하고 안전
하다. 물론 늦은 저녁에는 조심해야 하는 곳이다! 하와이 주정부로부터 보호
받고 있는 지역이며, 맛집으로 소문난 음식점은 물론이고 젊은 아티스트들의
갤러리나 하와이 산 브랜드의 옷가게, 기념품 가게 등이 있다.

◀ 현지인들이
신선한 채소와 식자재를
사러 오는 곳이야.

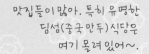

▶
맛집들이 많아. 특히 유명한
딤섬(중국 만두)식당은
여기 몰려 있어~.

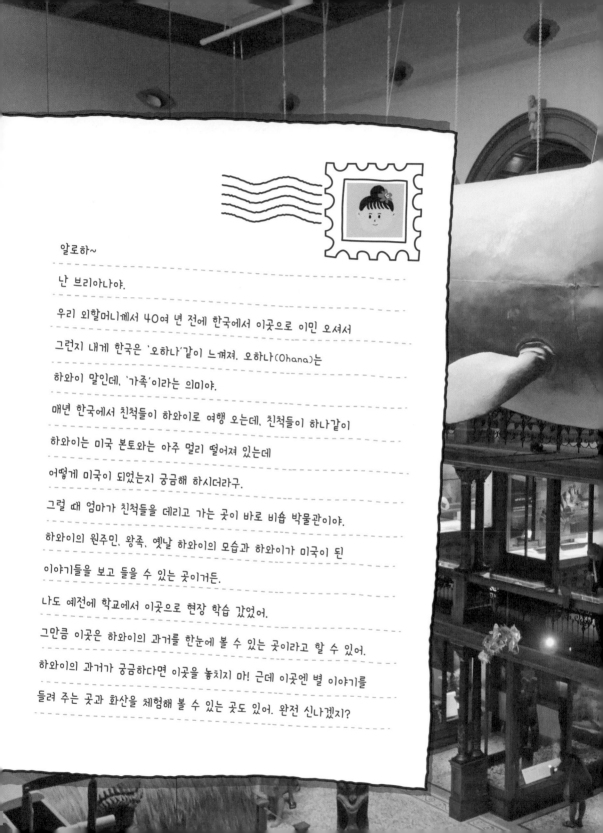

알로하~

난 브리아나야.

우리 외할머니께서 40여 년 전에 한국에서 이곳으로 이민 오셔서

그런지 내게 한국은 '오하나'같이 느껴져. 오하나(Ohana)는

하와이 말인데, '가족'이라는 의미야.

매년 한국에서 친척들이 하와이로 여행 오는데, 친척들이 하나같이

하와이는 미국 본토와는 아주 멀리 떨어져 있는데

어떻게 미국이 되었는지 궁금해 하시더라구.

그럴 때 엄마가 친척들을 데리고 가는 곳이 바로 비숍 박물관이야.

하와이의 원주민, 왕족, 옛날 하와이의 모습과 하와이가 미국이 된

이야기들을 보고 들을 수 있는 곳이거든.

나도 예전에 학교에서 이곳으로 현장 학습 갔었어.

그만큼 이곳은 하와이의 과거를 한눈에 볼 수 있는 곳이라고 할 수 있어.

하와이의 과거가 궁금하다면 이곳을 놓치지 마! 근데 이곳엔 별 이야기를

들려 주는 곳과 화산을 체험해 볼 수 있는 곳도 있어. 완전 신나겠지?

Bishop
Museum

하와이
최대 박물관

비숍
박물관

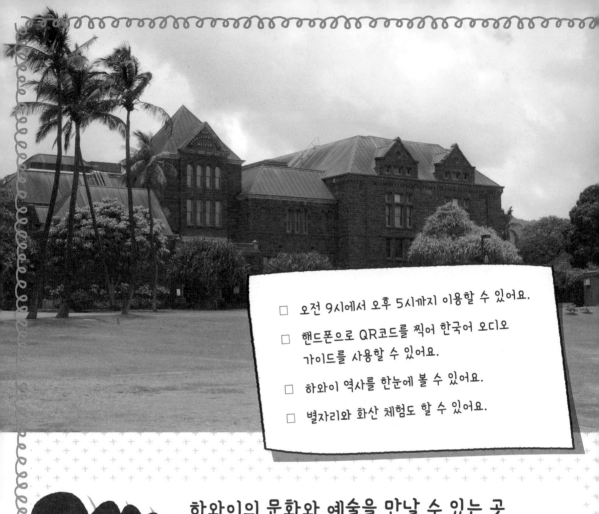

☐ 오전 9시에서 오후 5시까지 이용할 수 있어요.

☐ 핸드폰으로 QR코드를 찍어 한국어 오디오 가이드를 사용할 수 있어요.

☐ 하와이 역사를 한눈에 볼 수 있어요.

☐ 별자리와 화산 체험도 할 수 있어요.

하와이의 문화와 예술을 만날 수 있는 곳

비숍 박물관

★ 비숍 박물관은 킹 카메하메하(King Kamehameha)의 자손이자 마지막 왕녀인 파우아히(Pauahi)를 추도하기 위해 세워진 기념관으로, 하와이에서 가장 큰 박물관이다. 1889년에 파우아히 공주의 남편이었던 찰스 리드 비숍(Charles Reed Bishop)이 설립했다. ★ 이곳은 하와이의 역사, 예술, 문화를 한자리에서 볼 수 있어서 하와이 현지인들뿐만 아니라 관광객들에게도 인기 있는 곳이다. ★ 아기자기한 전시물과 다양한 이벤트, 프로그램에 아이들도 반해 버리는 곳이다. ★ 별자리를 체험할 수 있는 '천문관'과 놀면서 화산에 대해 배울 수 있는 '과학 탐험 센터'도 있어 어린이 방문객들에게 인기다.

▲ 오디오 가이드

하와이 아이들의 현장 학습 장소

하와이 학생들은 하와이의 역사를 배우기 위해 비숍 박물관으로 현장 학습(Field Trip)을 온다. 유치원생부터 고등학생까지 다양한 학년의 학생들이 참여하는데, 1년에 2만 여명의 학생들이 참여하는 하와이 학생들의 필수 교육 현장이다. 역사, 문화, 과학 등 프로그램도 다양한데, 이곳에서 하룻밤을 보내며 별을 관찰하는 프로그램도 인기다. 박물관에서의 하룻밤이라니~.

과학 탐험 센터
Science Adventure Center
아이들을 위한 화산 체험관~

하와이 하면 '화산'! 화산이야 말로 하와이의 과거와 현재의 모습이 아닐까. 이곳 과학 탐험 센터는 화산과 지진을 아이들의 시선으로 이해하고 체험해 볼 수 있도록 꾸며놓은 곳이다.

화산으로 들어가 보자~!

▼ 2,000℃에 달하는 용암이 만들어지는 과정을 직접 보여 준다. 용암으로 만들어진 돌을 만져 보고 구경할 수 있어 더욱 재미있다.

▲ 들어가는 입구의 터널부터 범상치 않다. 하와이의 신화적 기원에 대해 알 수 있도록 꾸며 놓은 길이다. 야광이 발하는 색감이 흥미롭다.

▲ 핸들을 돌려 용암이 나오는 원리를 체험하며 이해할 수 있다.

하와이언 홀 Hawaiian Hall

고대 하와이에서 미국 50번째 주가
되기까지가 한눈에~

난
향유 고래야!

이곳은 비숍 박물관의 메인 전시관이다. 3
층 규모의 건물인데, 최초의 하와이 통일
왕국 시대부터 미국의 50번째 주가 되기까
지 하와이의 역사를 한곳에서 모두 볼 수
있는 곳이다.

★ 천장에 달려 있는 고래는 3층에서 의외의
모습을 발견할 수 있어. 3층에서 이 고래를 보
면 뼈로 이루어진 절반을
볼 수 있어.

머리 위로 물고기,
거북이가 둥둥
떠다녀~.

1층 카힐리 룸

카힐리는 두 개가
한 쌍이야.

카힐리(Kahili)는 하와이 왕족의 상징물로, 왕
족의 이동이나 행렬을 할 때, 왕족임을 표시
하는 깃털 깃대를 말한다. 이곳에는 옛 왕족
이 사용했던 다양한 카힐리가 전시되어 있다.

★ 입구에 있는 이 한 쌍의 카힐리는 1917년 릴
리우오칼라니 여왕의 장례식 때 사용되었던 카
힐리래.

갤러리 1층

하와이의 신, 신화, 신앙, 고대 하와이의 세계를 만날 수 있는 곳이다. 입구에 들어서면 한눈에 3층까지의 내부 전체를 볼 수 있어 놀랍다.

1층에 들어서면 두 개의 무시무시한
나무 조각상이 보인다

이 조각상은 하와이 신화 속에 나오는 대표 신을 형상화한 것이다. 고대 하와이에서 숭배한 4대 대표 신은 쿠(Ku, 전쟁의 신), 카네(Kane, 생명의 신), 로노(Lono, 평화의 신), 카나로아 (Kanaloa, 바다의 신)로, 하와이의 기념품 가게에서도 흔히 볼 수 있다.

▶ 전쟁의 신, 쿠
300kg에 이르는
거대한 나무 조각상.

◀ 바다의 신, 카나로아

▶ 카네코칼라
카네코칼라(Kaneikokala)는 현무암으로 만들어진 신이다. 2009년 박물관을 복원하면서 이 석상을 다른 곳으로 옮기려고 했지만 꿈쩍하지 않아 수리하는 동안에도 이 자리에 있었다고 한다.

▲ 카우할레
필리(Pili)라는 잔디로 만든 하와이 전통 초가집이다. 카우할레(Kauhale)와 할레(Hale)는 집을 의미한다.

갤러리 2층

옛날 하와이 사람들의 생활 모습과 자연의 소중함을 알려주는 전시관이다. 그 당시 하와이 사람들의 생활을 직접 체험할 수 있는 공간도 있어서, 하와이 악기나 생활 도구 등을 만져 보고 연주해 볼 수도 있다.

옛날 하와이 사람들은 잎으로 포장을 했대~.

하와이 전통 문양을 만들어 봐~.

폴리네시아 사람들이 이런 카누를 타고 하와이로 왔다지~?

◀ 파후

하와이 말로 드럼을 '파후(Pahu)'라고 한다. 훌라(Hula)를 출 때 많은 악기들을 사용하는데 그중에서도 가장 신성하다고 생각하는 악기다.

이푸 헤케 ▶

조롱박 모양의 드럼. 훌라 춤을 출 때 사용하는 악기다.

갤러리 3층

하와이 역사와 왕족을 만날 수 있는 곳이다. 8대에 걸친 하와이 왕조 100여 년의 역사를 한눈에 볼 수 있다. 그중 제일 먼저 눈에 들어오는 것이 카메하메하 왕! 역대 왕들 중 가장 강한 힘을 지녔던 그는 하와이를 통일한 최초의 왕이다.

카메하메하 왕의 망토 ▶

카메하메하 왕이 입었던 망토. 노란색은 옛날 고대 하와이 사람들에게 희귀한 색이어서 왕족들만 입을 수 있는 색이었다. 자세히 보면 천이 아니라 새의 깃털로 만들어졌는데, 새를 살생한 게 아니라 까만색 새의 노란 털만 뽑아서 다시 자연으로 돌려보냈다고 한다.

고래의 뼈 ▶
향유고래의 실제 크기와 같은 모형. 길이는 17m, 뼈 무게만 1,900kg이라고 한다.

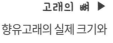

◀ 릴리오칼라니 여왕의 기타
하와이 왕조의 유일한 여왕이자 왕조의 마지막 왕이었던 릴리오칼라니 여왕이 마지막으로 남긴 노래 <알로하 오에>의 악보와 사용했던 기타가 전시되어 있다.

천문관 Planetarium

상영관이야 진짜 하늘이야~?
신기한 별자리 체험

돔으로 된 상영관(머리 위 천장이 스크린)에서 하와이에서 볼 수 있는 별자리를 보여준다. 마치 하늘 위에 별이 떠 있는 듯 신기하다. 이 상영관은 1년에 7만 명 이상이 찾을 만큼 인기 있는 곳이다. 이곳에서의 별자리 설명을 듣고 나면, 저녁마다 하와이 하늘을 올려다보게 될 것이다.

★ 하와이의 역사는 폴리네시아 문화가 큰 부분을 차지하는데, 폴리네시아 사람들은 하늘의 별자리를 보며 항해를 했다고 해.

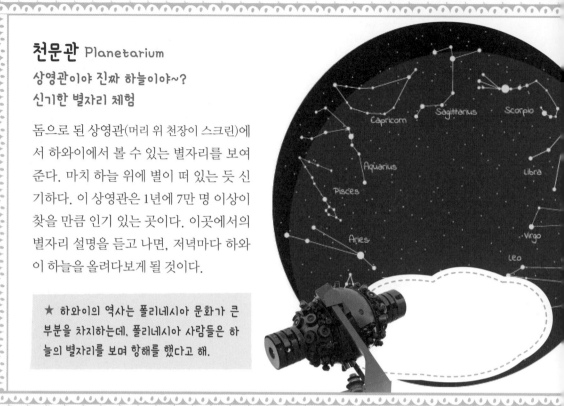

캐슬 홀 Castle Hall

재미없는 전시는 열지 않아~
이번엔 어떤 전시일까?

작은 성 모양의 건물이라 캐슬 홀(Castle Hall)이라 이름 붙여진 이곳에서는 다양한 특별전이 열린다. 그때그때마다 전시의 테마가 바뀌니 방문하기 전에 www.bishopmuseum.org 에서 미리 체크해 보자.

북극성을 찾아라

북두칠성
Big Dipper

작은곰자리
Little Dipper,
Little Bear

북극성
Polaris

카시오페이아
Casiopeia

나침반이 없었던 아주 옛날, 사람들은 별을 보고 방향을 찾았다고 한다. 그중에서 밤하늘의 북극성은 언제나 북쪽 하늘에 있어서 옛날 여행자들에게 밤길을 안내하는 최고의 나침반이었다. 북극성을 바라보고 양팔을 벌려 오른쪽 팔이 가리키는 방향이 동쪽, 왼쪽 팔이 가리키는 방향이 서쪽, 등 뒤쪽의 방향이 남쪽이 된다. 하와이 밤하늘의 쏟아지는 별들 속에서 밝게 빛나는 북극성을 찾아보는 건 어떨까?

북극성은 국자모양처럼 생긴 북두칠성과 카시오페이아의 중간쯤 있어.

북두칠성은 큰곰자리의 일부분이고, 북극성은 작은 국자처럼 생긴 작은곰자리의 일부야.

폴리네시아 문화

하와이의 역사는 폴리네시아 문화를 빼 놓고 설명할 수 없다. 하와이 역사가 폴리네시아 사람들의 이주에서 시작되었기 때문이다. 폴리네시아(Polynesia)는 '많은 섬'이라는 뜻이다. 아래 지도에서도 알 수 있듯이 폴리네시아 문화권은 대부분 섬이고 섬의 수가 어마어마하게 많다.

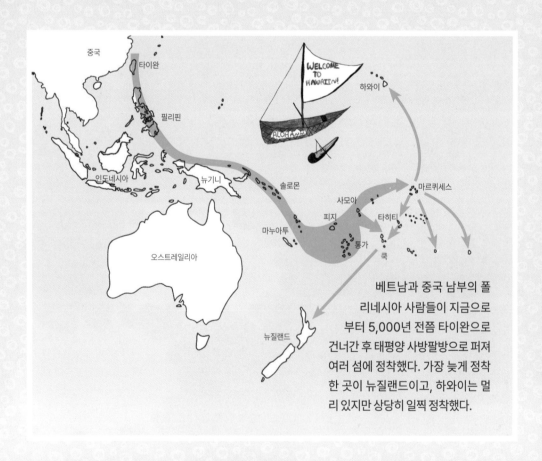

베트남과 중국 남부의 폴리네시아 사람들이 지금으로부터 5,000년 전쯤 타이완으로 건너간 후 태평양 사방팔방으로 퍼져 여러 섬에 정착했다. 가장 늦게 정착한 곳이 뉴질랜드이고, 하와이는 멀리 있지만 상당히 일찍 정착했다.

어떻게 저 넓은 바다를 항해했을까?

비숍 박물관이나 폴리네시아 문화 센터에서는
당시 폴리네시아 사람들이 태평양을 항해하며
타고 왔던 카누(배)를 볼 수 있는데, 그리 크지
않다. 이 자그마한 카누를 타고 큰 바다(대양)를
건넜다고 생각하니 놀랍고 신기하다. 그들은
태양과 별, 구름과 바람, 새들의 움직임을 보고
항해할 방향을 찾았다고 하니, 그것 또한 대단하
게 느껴진다.

그래서 생김새나 문화가 비슷한 거였어

피지나 뉴질랜드를 여행해 본 친구들이라면 그곳의 원주민과 하
와이의 원주민이 닮았다고 생각했을 거다. 큰 덩치나 키, 까무잡
잡한 피부는 물론이고 얼굴도 비슷하게 생겼으니 말이다. 게다가
하와이의 '훌라' 춤과 비슷한 것을 폴리네시아 문화권의 다른 나
라에서도 볼 수 있는데, 타히티의 '오리', 뉴질랜드의 '하카' 댄스
는 훌라와 많이 닮았다.

원주민이 사용하는 언어도 비슷해

섬들끼리 멀리 떨어져 있는데도 현재 원주민들이 쓰
는 언어를 보면 비슷한 것들이 많다. 예를 들어 '새
(bird)'를 하와이 어로 manu라고 하고, 뉴질랜드와 통
가, 타히티에서도 manu, 자바 섬에선 manuk, 피지에선
manumanu vuka라고 한다.

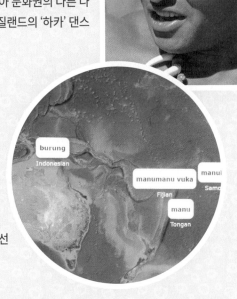

Kualoa
Ranch

말 타는
쥬라기 공원

쿠알로아
목장

알로하~

나는 네이든이라고 해.

오아후는 작은 섬 같지만 섬의 동서남북이 각기 다른 독특한 매력이

있어. 그중에서도 오아후의 동쪽은 깎아지는 듯 웅장하고 멋있는 거대한

산과 푸르른 태평양 바다를 한꺼번에 볼 수 있는 환상적인 곳이야.

내가 제일 좋아하는 해안 도로가 있는 곳이기도 해. 왼쪽의 산과

오른쪽의 바다를 함께 보며 달리는 도로거든. 그 해안 도로를

따라가다 보면 쿠알로아 목장이 나와. 거기야 말로 산과 바다를

동시에 보면서 말도 타고 지프도 탈 수 있는 끝내주는 곳이야.

쿠알로아 목장이 많은 사람들에게 인기인 건 유명한 영화나 드라마

촬영지였기 때문이야. <쥬라기 공원>이라고 알지?

그게 가장 대표적인 영화야. 유명한 영화를 찍었던 장소에서

말을 탄다고 상상해 봐. 멋지지 않아?

KUALOA RANCH

바다 항해 투어

매표소

집라인

말타기 투어

영화 촬영지 투어

JURASSIC PARK

□ 오전 구시 30분에서
오후 6시까지 열어요.

□ 예약은 필수예요.

□ 승마를 할 거라면, 운동화를
신고 선크림을 꼭 발라요.

그냥 단순한 목장이 아니야~

★ 쿠알로아 목장이 있는 곳은 오아후에서 가장 아름답고 신성한 장소 중 하나이다. 산맥에서 바다까지 연결되는 계곡이 3개 있는데 그 모습이 장엄하다. ★ 이곳에서 한때 왕들이 머물렀고(피난처이자 보호구역) 왕족들이 훈련을 받던 장소이기도 하다. ★ 쿠알로아 목장은 오아후에서 가장 큰 목장인데, 특히나 해변 옆으로 높게 솟은 두 산맥 사이의 넓은 평원은 섬에서 보기 드문 멋진 장관을 연출한다. 바로 이곳에서 승마 등 다양한 투어 프로그램을 통해 직접 체험할 수 있다. ★ 이곳은 오랫동안 할리우드 감독들의 사랑을 받고 있는 장소이기도 하다. 〈쥬라기 공원〉, 〈고질라〉, 〈로스트〉, 〈첫 키스만 50번째〉 등의 많은 영화와 드라마의 촬영 장소로, 그 흔적들이 남아 있다.

쿠알로아
목장

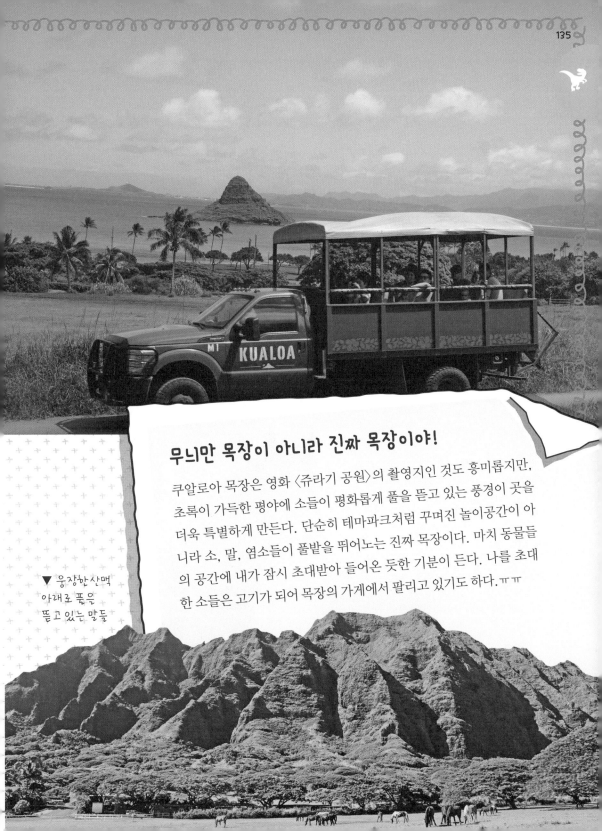

무늬만 목장이 아니라 진짜 목장이야!

쿠알로아 목장은 영화 〈쥬라기 공원〉의 촬영지인 것도 흥미롭지만, 초록이 가득한 평야에 소들이 평화롭게 풀을 뜯고 있는 풍경이 곳을 더욱 특별하게 만든다. 단순히 테마파크처럼 꾸며진 놀이공간이 아니라 소, 말, 염소들이 풀밭을 뛰어노는 진짜 목장이다. 마치 동물들의 공간에 내가 잠시 초대받아 들어온 듯한 기분이 든다. 나를 초대한 소들은 고기가 되어 목장의 가게에서 팔리고 있기도 하다.ㅠㅠ

▼ 웅장한 산맥 아래로 풀을 뜯고 있는 말들

말타기 투어 Horseback Tour
말과 함께 대자연을 만끽해~

잘 훈련받은 말을 타고 입이 쩍 벌어지는 대자연을 감상할 수 있는 투어이다. 우리나라의 산과는 사뭇 다른 깎아지는 듯 솟아오른 산맥과 끝없이 펼쳐진 바다를 동시에 감상할 수 있다.
'고대 하와이 왕족들도 이렇게 말을 탔겠지?'라고 생각하면 마치 내가 타임머신을 타고 과거로 온 것 같은 느낌이 든다.

10세 이상, 키 137cm 이상, 체중 104kg 이하의 사람만 말을 탈수 있어. 6~9세 어린이는 별도의 프로그램이 있어.

● 안전하게 말 타는 법

① 슬리퍼는 No!
   운동화나 앞이 막힌 신발을 신자.

② 조련사가 안전하게 말을 탈 수 있도록
   도와주니 걱정하지 말자.

③ 조련사가 타게 될 말의 이름을 얘기해준다.
   기억해 뒀다가 자주 불러 주자.

④ 양손으로 고삐를 잡고 그중 한 손은
   말의 중간에 있는 손잡이를 잡는다.

⑤ 발은 발걸이 앞쪽에 살짝 걸친다.

⑥ 고삐를 왼쪽으로 당기면 왼쪽으로,
   오른쪽으로 당기면 오른쪽으로 간다.

⑦ 승마 중 말이 볼일을 본다면 기다려 주자.

⑧ 말은 아주 예민한 동물이니 소리를 지르거나
   위협적인 행동을 하지 말자.

영화 촬영지 투어
Movie Sites Tour
난 쥬라기 공원 속에 와 있어~

쿠알로아 목장의 하늘 높이 솟은 웅장한 산을 보는 순간 '아~ 범상치 않구나' 싶은 생각이 든다. 아니나 다를까 이곳은 헐리우드의 블록버스터 영화들의 촬영 장소로 쓰였다. 우리가 잘 알고 있는 〈쥬라기 공원〉, 〈고질라〉가 바로 이곳에서 촬영됐다.

초록색 버스를 타고 영화 촬영지를 둘러보는 투어는 촬영 현장에 내려 영화의 한 장면을 따라하며 기념사진을 찍기도 하고, 고질라가 만들어놓은 커다란 발자국을 보기도 한다.

<쥬라기 공원>

<고질라>

<첫 키스만 50번째>

<로스트>

〈쥬라기 공원〉에서 말콤 박사가 공룡과 목숨을 건 레이싱을 펼친 장면이 눈앞에 펼쳐지는 것 같아.

★ 목장의 비포장 도로를 달려~

랩터라고도 불리는 UTV를 타고 목장의 구석구석을 달릴 수 있다. 최대 6명까지 탈 수 있고, 부모님이 직접 운전할 수 있으니 가족이 한 차에 타고 모험을 떠나 보자!

예쁜 해변들과
사연 있는 섬들

오아후 섬의 동쪽 해안은 화산이 만들어 낸
아름답고 웅장한 산맥을 끼고 있어서 감탄이
절로 나올 정도로 아름답다.

Beach(해변)와
Beach Park(해변 공원)는
뭐가 다를까? Park가 붙어 있는 해변은
주차장, 탈의실, 샤워 시설, 피크닉 장소 등의
이용 시설이 갖춰져 있고 안전요원
(lifeguard)이 있는 곳을 말해.

카일루아 해변 공원

카일루아 해변 공원(Kailua Beach Park)은 세계 최고의 해변
으로 여러 번 선정된 곳이다.
　따뜻한 햇살과 반짝반짝 모래, 녹색 산맥, 선선한 바람의 조화
가 환상적인 해변이다. 선선한 바람이 자주 불어 윈드서핑이나
카약 같은 수상 스포츠를 즐기는 사람들도 쉽게 볼 수 있다.

라니카이 해변

라니카이 해변(Lanikai Beach)은 '천국의 바다'라는 별명을 가
지고 있다. 세계적인 스타들이 즐겨 찾는 휴양지로, 특히 미국
오바마 전 대통령이 자주 찾는 곳으로도 유명하다. 카일루아
해변 공원 옆에 있으니 두 곳을 한꺼번에 들러 보는 것도 좋다.

　★ 6~9월엔 해파리(Jellyfish)의 습격에 조심해야 해.
해파리를 조심하라는 경고판이 세워져 있는지 확인!

모쿠 이키 섬
Moku Iki Island

모쿠 누니 섬
Moku Nuni Island

JELLYFISH

토끼 섬

마카푸 전망대(Makapuu Lookout)에서는 바다 위에 떠 있는 두 개의 귀여운 섬을 볼 수 있다. 큰 섬이 토끼 섬인데, 이렇게 불리는 이유는 뭘까? 바다 밑에서 귀가 축 처진 토끼가 올라오는 듯한 모습 때문이라는 설과, 옛날 하와이 원주민들이 토끼를 키우다 그 번식력을 감당하지 못하고 이곳에 토끼를 풀어 두어서 붙여진 이름이라는 설이 있다.

★ 이 섬은 수천 마리 바닷새들의 보금자리야. 조류 보호 구역으로, 일반인의 출입이 금지되어 있는 곳이지.

토끼섬 Rabbit Island

평평한 이 섬은 거북이섬 Turtle Island

모자섬을 머리에 올려 사진을 찍어 봐~.

중국인 모자 섬

중국인 모자 섬(Chinaman's Hat Island)은 쿠알로아 목장(Kualoa Ranch)에서도 볼 수 있다. 중국인 모자 섬은 모양이 아시아 사람들의 모자처럼 생겼다고 해서 붙여진 이름이다. 원래 이름은 모코리이(Mokolii)로, '작은 도마뱀'이라는 뜻이다.

★ 전설에 의하면 거대한 도마뱀처럼 생긴 용이 히이아카(Hiiaka)라는 여신에 의해 바다로 내동댕이쳐졌는데, 그때 꼬리가 잘려 그 꼬리가 남아 있는 모습이라고 해.

North
Shore

오아후 섬
북쪽 여행

노스쇼어

알로하~

난 아멜리아라고 해.

나는 오아후 섬의 노스쇼어라는 곳에 살아. 우리 집은 바닷가에 있는데

뒤뜰이 해변과 연결돼 있어. 해변과 바다가 내 놀이터인 셈이지. ㅋㅋㅋ

우리 엄마는 프로 서퍼이신데, 내가 사는 노스쇼어는 파도가 높고

거칠기로 유명해서 우리 엄마같은 서퍼들이 이곳에 많이 살아.

엄마가 아침에 일어나서 가장 먼저 하는 일이 창문을 열고 파도를

확인하는 거야. 파도가 높고 거친 날은 서핑하기 좋은 날이거든.

나도 엄마가 가르쳐 주셔서 서핑을 잘하는 편이지만, 파도가 많이

높은 날은 무서워서 바다에 들어가지 못해. 그런 곳을 멋있게 파도와

한몸이 돼서 서핑을 하는 엄마를 보면 존경스럽고 멋있어.

근데 서핑이 하와이에서 시작됐다는 거 알아? 옛날 하와이 왕족들도

서핑을 즐겼다고 해. 상상이 돼? 서핑하는 여왕 말이야.

이곳에 오면 꼭 해변에 앉아서 멋지게 파도를 타는 서퍼들을 구경해 봐~.

섬의 북쪽엔 뭐가 있을까?

노스쇼어

★ 노스쇼어(North Shore)에서 North는 '북쪽', Shore는 '해안, 해변'이라는 뜻이다. 즉, 오아후(Oahu) 섬의 북쪽 해안선을 '노스쇼어'라고 부른다. 대부분의 호텔이 모여 있는 와이키키(Waikiki)는 섬의 남쪽에 있어서 섬의 북쪽을 둘러보기 위해서는 차를 빌리거나 여행사를 통해 투어를 신청해야 한다. ★ 노스쇼어는 파도가 커서 세계적인 서핑 장소로 유명한 곳이다. ★ 특히 건물보다도 큰 거대한 파도(10m가 넘는 파도)가 치는 11월~2월에는 서핑을 사랑하는 세계 곳곳의 서퍼(Surfer, 서핑을 하는 사람)들이 이곳으로 몰려든다. ★ 노스쇼어는 해양 동물들의 쉼터이기도 해서 바다표범, 바다거북이, 물고기 등을 가까이에서 볼 수 있다.

□ 큰 파도와 멋진 서퍼들을 볼 수 있어요.

□ 해변에서 쉬고 있는 바다거북이를 봐요.

□ 돌 파인애플 농장에서 파인애플 아이스크림도 먹고 기차도 타요.

□ 새우 트럭을 지나치지 말아요.

난 구경하는 게
좋아.

서핑의 천국에서 열리는
서핑 대회

하와이는 서핑으로 유명하다. 그중에서도 노스쇼어는 서퍼들의 성지와도 같은 곳이다. 1년 중 파도가 가장 크고 거친 11월이면 '반스 트리플 크라운 서핑 대회'라는 세계적인 서핑대회가 노스쇼어에서 열린다. 11월 중순에 시작해 한 달 가량 열리는데, 이 시기에 노스쇼어를 방문한다면 세계적으로 유명한 서퍼들의 멋진 묘기를 직접 볼 수 있다. 물론 취재 기자와 관람객들로 발 디딜 틈이 없겠지만, 서퍼들의 묘기는 흔하게 볼 수 있는 것이 아니니까 도전~!

봤어?
나 완전 멋있지?

라니아베이 해변

FOOD·GAS·SHO

HALE

할레이바 타운

와이메아
해변 공원

SHRIMP SHRIMP

GIOVANNI'S
GIOVANNI'S
FAMOUS SHRIMP

ACHES

A

ORTH
ORE

폴리네시안 문화 센터

돌 파인애플 농장

라니아케아 해변 Laniakea Beach
코앞에서 바다거북이 만나기

라니아케아 해변은 바다거북이가 해변으로 나와 쉬고 있는 모습을 코앞에서 볼 수 있는 곳으로 '터틀 해변(Trutle Beach)'이라고도 부른다. 작은 해변이지만 바다거북이를 직접 보고 기념사진을 남길 수 있다.

★ 거북이가 사람들에게 방해받지 않고 쉴 수 있도록 지켜 주는 관리인이 있어. 거북이가 휴식을 취할 수 있도록 도와줘야 해. 알았지?

와이메아 해변 공원
Waimea Beach Park
아찔한 점프를 보는 즐거움

노스쇼어의 해변 대부분은 바다가 깊고 파도가 높아서 어린이들이 수영이나 스노클링, 서핑을 즐기기에 적합하지 않다. 하지만 오아후 남쪽 해변과는 또 다른 매력이 있으니, 잠시 해변에서 모래 놀이를 해 보는 건 어떨까.
와이메아 해변 공원에는 유명한 볼거리가 하나 더 있다. 12m나 되는 아찔한 높이의 절벽에서 바다로 점프를 하는 사람들을 볼 수 있다는 것!

난 두 바퀴 돌며 점프할거야~

★ MBC <무한도전> 멤버들이 이 점프를 미션으로 수행하려고 했는데 비행 시간 때문에 아쉽게도 못 했다는 뒷이야기가 있지~.

할레이바 타운 Haleiwa Town
옛 하와이 건물에서 맛있는 걸 먹어~

'할레이바'는 노스쇼어의 중심가인데, 레스토랑과 하와이 풍의 다양한 가게들이 몰려 있는 동네이다. 당연히 맛집들도 많다.
하와이 최후의 여왕 릴리우오칼라니가 여름휴가를 보냈던 곳으로, 옛날 사탕수수 산업이 활발했을 때는 상업의 중심지였다. 1984년 '역사 문화 보호지역'으로 지정된 이후 잘 보존되어 지금도 옛 하와이 고유의 건물을 볼 수 있다.

★ 할레이바(Haleiwa)는 하와이어인데, '군함새(iwa)의 집(Hale)'이라는 뜻이야. 군함새는 지구상에서 가장 빠른 새인데, 시속 400m의 속도로 난대. 몸집도 2~3m로 큰 바닷새야.

홀라도 배우고 하와이전통 놀이도 체험할 수 있어!

폴리네시안 문화 센터
Polinecian Culture Center
하와이의 문화는 어디서 왔을까?

하와이 최대의 종합 테마 파크라고 불리는 곳! 남태평양의 6개 섬인 하와이, 피지, 타히티, 통가, 사모아, 아오테아로아(뉴질랜드)를 재현해 놓은 민속촌이다. 각 섬 원주민들의 춤과 음악, 전통 혼례식 등 흥미로운 이벤트와 공연으로 가득하다. 홀라와 우쿨렐레 강습, 창 던지기 등 각 섬마을마다 다양한 놀이도 체험할 수 있다.

Dole 파인애플 농장
Dole Pineapple Plantation
니들이 파인애플 맛을 알아?

와이키키에서 노스쇼어로 가다 보면 만나게
되는 Dole 파인애플 농장! 파인애플의 바다라
는 생각이 들 정도로 넓은 파인애플 농장 사이
에 Dole 파인애플 농장이 있다. 이 농장은 '파
인애플의 왕'이라고 불리는 제임스 드러먼드
돌(James Drummond Dole)이 1900년에 세운 첫
번째 파인애플 농장이다. 지금은 하와이 파인
애플의 역사를 보여 주는 전시관
으로 쓰이고 있는데, 파인애플
아이스크림과 파인애플 젤리가
인기 만점이다.

● 파인애플 아이스크림 & 파인애플 기념품

이걸 먹으러 이곳에 온다고 해도 될 만큼 맛있는 파인애플 아이스크
림! 이건 꼭 먹어야 한다! 아이스크림 외에도 파인애플 모양
의 인형이나 열쇠고리, 파인애플로 만든 사탕과 과자,
솜사탕, 그리고 파인애플이 그려진 티셔츠, 컵받
침 등 사고 싶은 기념품들로 가득하다.

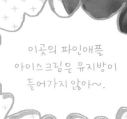

◀ 파인애플 아이스크림

▲ 귀여운 병따개

◀ 다양한 예쁜 인형들

이곳의 파인애플
아이스크림은 유지방이
들어가지 않아~.

파인애플이 바나나처럼 키가 큰 나무에서 열리는 과일이라고 생각했어? 그렇다면 이곳에서 만나는 파인애플은 무지 신기할거야.

● 파인애플 열차 & 정원 투어

파인애플 송을 신나게 울리며 달리는 귀엽고 깜찍한 증기기관차를 타고 파인애플 농장을 돌아보면서 파인애플이 어떻게 자라는지, 농장은 어떤 모습인지 구경할 수 있다. 파인애플 외에도 하와이에서 자라는 코아나무, 카카오나무, 사탕수수 등도 볼 수 있다.

● 파인애플 미로

이곳엔 기네스북에 오른 세계 최대 규모의 미로(Maze)가 있다. 미로 입구에서 미로 지도와 미션을 수행할 미로 카드, 연필을 챙기자. 이곳의 미로는 길을 찾아 밖으로 빠져나오는 미션이 아니다. 지도에 빨갛게 표시된 8개의 비밀 장소에서 퀴즈를 풀고 미로 카드 연필로 스텐실을 찍는 미션! 8개 모두를 찾아 스텐실을 찍는 데 한 시간 정도 걸린다.

가장 빠른 기록은 7분이래. 대단하지 않아? 우리도 도전!

★ 미로, 이렇게 즐기자

① 입구에서 미로 카드와 연필을 챙기고 미로 카드에 시작 시간을 찍는다!
② 지도를 보고 8곳을 찾아 퀴즈를 풀고 스텐실을 찍는다.
③ 나올 때 끝난 시간을 미로 카드에 찍는다!

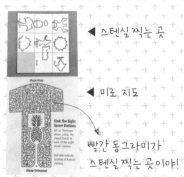

◀ 스텐실 찍는 곳

◀ 미로 지도

빨간 동그라미가 스텐실 찍는 곳이야!

뭐 먹지?

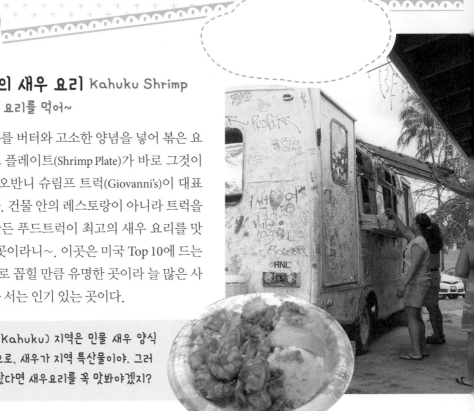

푸드트럭의 새우 요리 Kahuku Shrimp
싱싱한 새우 요리를 먹어~

큰직한 새우를 버터와 고소한 양념을 넣어 볶은 요리인 슈림프 플레이트(Shrimp Plate)가 바로 그것이데, 특히 지오반니 슈림프 트럭(Giovanni's)이 대표적인 곳이다. 건물 안의 레스토랑이 아니라 트럭을 개조해서 만든 푸드트럭이 최고의 새우 요리를 맛볼 수 있는 곳이라니~. 이곳은 미국 Top 10에 드는 푸드트럭으로 꼽힐 만큼 유명한 곳이라 늘 많은 사람들이 줄을 서는 인기 있는 곳이다.

★ 카후쿠(Kahuku) 지역은 민물 새우 양식을 하는 곳으로, 새우가 지역 특산물이야. 그러니 이곳에 왔다면 새우요리를 꼭 맛봐야겠지?

● 움직이는 레스토랑 푸드트럭

하와이를 여행하다 보면 트럭에서 음식을 파는 푸드트럭(Food Truck)을 쉽게 볼 수 있다. 푸드트럭의 종류도 다양하고 맛도 어떤 맛집보다 맛있는 곳이 많다. 정부로부터 위생허가증을 받아 장사를 하기 때문에 안심하고 먹을 수 있다.

쉐이브 아이스 Shave Ice
시원하고 달콤한 무지개

미국 오바마 전 대통령도 사랑하는 쉐이브 아이스! 쉐이브 아이스는 '얼음을 갈다, 깎다'라는 뜻인데, 얼음을 갈아서 만든 얼음 가루를 요리조리 꾹꾹 누르고 깎아 가며 동그란 모양을 만든다는 데서 붙여진 이름이다. 동그랗게 만든 얼음가루 위에 알록달록 무지개를 닮은 다양한 색의 과일 시럽을 올려 먹는다. 색깔별로 과일 맛이 다르다.

★ 유명한 쉐이브 아이스 가게들은 그 가게만의 시럽 비법을 가지고 있어. 색이 화려하지만 인공 색소가 아닌 천연 과일로 만든 시럽이라구~.

쿠아 아이나 버거
Kua Aina Burger
하와이 3대 버거의 맛은 어떤 맛일까?

할레이바 타운에는 하와이 3대 버거 중 하나인 '쿠아 아이나'라는 레스토랑이 있다. 주문이 들어와야 요리를 시작하고, 빵과 고기를 화산석에 굽는다고 한다. 이곳의 버거는 짜지 않고 맛있다. 게다가 크기가 그야말로 점보! 안에 들어가는 재료도 신선하다.

야생 동물 보호

우리가 하와이 여기저기에서 다양한 동물들을 만날 수 있는 것은 동물을 보호하고 관리하는 하와이 정부와 시민들의 노력 덕분이다. 특히 노스쇼어에서 만나는 바다거북이나 몽크바다표범, 고래 등은 멸종 위기의 야생 동물들이다. 멸종 위기의 야생 동물을 직접 볼 수 있는 것도 신기하지만, 자연의 소중함과 야생 동물을 보호해야겠다는 생각이 들게 한다.

> 한 종류의 생물이 완전히 없어지는 걸 '멸종'이라고 해. '멸종 위기 동물'은 생태계 파괴나 밀렵 등으로 더 이상 후손을 남기지 못하고 없어지는 동물을 말해.

◀ 새들의 서식처이니 이 표지판 뒤로는 새들만 있도록 가까이 가지 맙시다!

> 안녕! 난 네네라고 해. 하와이의 대표 새인데 멸종위기로 보호받고 있어.

▶ 네네
건너가십니다~.

야생 동물을 보호하고 자연을 보존하는 것은 우리의 의무입니다!

◀ 고래를 구합시다!

▶ 바다에 쓰레기를
버리지 말아요!

▶ 바다표범이
쉴 수 있도록
가까이 가지 말아요.

안녕! 난 하와이
몽크 바다표범이야.

★ 지구의 모든 생물은(사람을 포함해서) 서로 먹고 먹히거나 도움을 주고 받는 관계로 얽혀 있어. 그래서 한 종이 멸종하면 다른 종도 멸종하게 돼. 야생 동물이 멸종한다면 사람도 더 이상 살 수 없게 될 수 있다는 얘기야. 그래서 야생 동물을 보호해서 함께 도움을 주며 살아가야 하는 거야.

마우이 섬
아기자기 아름다운 섬

마우이(Maui)는 하와이에서 두 번째로 큰 섬으로, 하와이의 다른 섬들과 마찬가지로 수백만 년 전 화산 폭발로 생겨났다. 한적하고 아름다운 자연 경치 때문에 많은 관광객이 찾는 곳이다.

오아후

마우이

빅 아일랜드

마우이에는 19세기 하와이 왕조의 수도였던 라하이나(Lahaina)라는 지역이 있다. 이곳은 국립역사보호구역으로 옛도시의 느낌이 나는 유명 관광지였다.
그런데 2023년 8월, 라하이나에 큰 화재가 났고 많은 인명과 재산 피해가 있었다. 마우이 사람들은 아름다운 라하이나 마을의 재건을 꿈꾸며 어려움을 이겨내고 있다.

힘내요 마우이!

Malama Maui

말라마 마우이!
'마우이 배려 여행'이라는 뜻이야.
마우이 지역사회를 존중하고 배려하는
마음으로 여행하자는 캠페인이야.
마우이가 다시 활기를 찾을 수 있도록
우리도 참여해 보자!

● 할레아칼라 국립공원

마우이를 방문했다면 꼭 가봐야 할 곳 중 하나가 할레아칼라 국립공원 (Haleakala National Park)이다. 해발 3,055미터 높이의 거대한 휴화산인데, 정상에서 구름 위로 뜨고 지는 붉은 태양을 보기 위해 세계 각지에서 많은 사람들이 찾는다.

아빠~ 나 점프할 때 찍어 줘!

내 발밑으로 구름이 파도처럼 흘러가!

'할레아칼라'는 하와이어로 '태양의 집'이라는 뜻이야.

★ 할레아칼라 국립공원에는 많은 멸종위기종이 있어. 그중에서도 보물 1호인 은검초는 세계적인 휘귀 식물로, 죽기 전에 단 한 번 꽃을피운다는 신비의 식물이야.

●혹등고래 보기

매년 12월에서 3월 사이 1만 마리
가 넘는 혹등고래가 새끼를 낳아 키
우기 위해 하와이로 온다. 하와이
중에서도 마우이 인근에 가장 많은
혹등고래가 모여 든다.

> 난 수면 위로
> 올라와 숨을
> 쉬는 포유류야.

> 몸집이 크고 무섭게 생겼
> 다고? 난 바다의 수호천사
> 라는 별명이 있을 만큼
> 엄청 착해.

THE WHALE PROFIL

- 나이: 45~100년을 살아.

- 키: 12~15m

- 몸무게: 약 20~40톤

- 좋아하는 음식: 새우같은 갑각류,
  작은 물고기, 플랑크톤

- 특기: 노래 부르기

환경을 구하는 고래

고래는 호흡할 때마다 엄청난 양의 이산화탄소를
몸속에 저장한다. 한 마리가 평생 33톤의 이산화
탄소를 흡수하는데, 나무 한 그루가 평생 21kg인
것과 비교하면 어마어마한 양이다. 고래가 숲의
역할을 하는 셈이다.

빅 아일랜드

신비로운 대자연의 섬

빅 아일랜드(Big Island)라는 이름처럼 하와이의 여러 섬 중에서 가장 큰 섬이다. 제주도의 5배 크기인 이 섬은 지금도 화산활동을 하고 있으며 그로 인해 섬의 크기가 조금씩 커지고 있다.

오아후

마우이

빅 아일랜드

빅아일랜드의 공식 이름은 아일랜드 오브 하와이(Island of Hawaii)야! 하지만 빅 아일랜드로 더 많이 불려!

● 마우나 케아에서 별 보기

마우나 케아(Mauna Kea)는 높이 4,205 미터로 세계에서 하늘과 가장 가까운 산이다. 전 세계 11개국 연구기관에서 세운 13개의 천문대가 있고, 하와이에서 유일하게 눈을 볼 수 있는 곳이다. 마우나케아 정상에서 사방으로 쏟아지는 별을 감상할 수 있다.

●살아있는 용암 보기

빅 아일랜드의 하와이 화산 국립공원(Hawaii Vonanoes National Park)에서는 지금도 화산활동을 하고 있는 활화산의 모습을 볼 수 있다. 붉게 끓어오르는 용암이 실제로 뿜어오르는 곳으로 유네스코 세계자연유산에 등재되어 있다. 연기가 모락모락 나는 살아있는 화산을 가까이에서 볼 수 있는 곳이다.

화산의 갈라진 틈으로
뜨거운 증기가 올라와~!

화산이 터질까 봐 걱정이라고?
걱정하지 마! 용암의 점도가 낮고
화산활동이 격렬하지 않아서
안전한 활화산이야.

용암이 굳어 생긴 세상~!
여기 화성 아니지?

'푸우호누아'는 '피난의 장소'라는 의미야.

● 옛 하와이 만나기

푸우호누아 오 호나우나우(Puuhonua O Honaunau)는 하와이의 역사가 고스란히 보존되어 있는 국립역사공원이다. 하와이 원주민의 유적들이 있어 옛 하와이의 문화를 체험할 수 있다. 한때 옛 왕족의 거주지였고 그 이후에는 법을 위반한 자들의 은신처였다. 왕과 족장의 유골이 모셔져 있는 신성한 곳이어서, 이곳에서는 범죄자들이 죄를 면할 수 있었다고 한다.

사원을 지키는 수호신, 키(Kii) ▶

● 까만 모래 해변과 바다거북이

화산의 섬, 빅 아일랜드에는 바다로 흘러내린 용암이 굳고 비바람과 파도에 잘게 부셔져 만들어진 검은 모래로 뒤덮인 해변이 많다. 그중에서도 최고는 푸날루우 검은 모래 해변(Punaluu Black Sand Beach)이다. 이곳이 유명한 이유는 하와이의 톱스타 바다거북이를 볼 수 있기 때문이다.

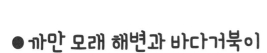

나는 주로 오후에 해변으로 올라와. 비오는 날에는 나를 못 볼 수도 있어!

Mahalo
마할로
고마워

여행을 준비해요~

다른 그림 찾기~

다운타운

A 다른 곳은 13개! 정답은 등기부 카드 끝에 있어요.

미로를
탈출해 봐~

돌 파인애플 농장의
미로를 빠져나가 보세요.

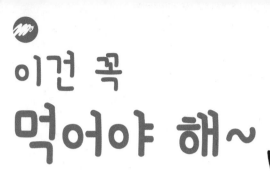

이건 꼭
먹어야 해~

포케

로코모코

슈림프 플레이트

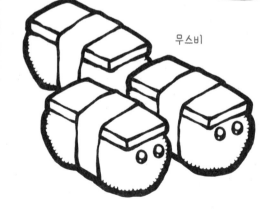

무스비

아사히 볼

호놀룰루 쿠키

사이민

코코넛

팬케이크

쉐이브 아이스

플립플랍을 찾아봐~

해변 위에 귀여운
나의 플립플랍 스티커를 붙여요.

혹등고래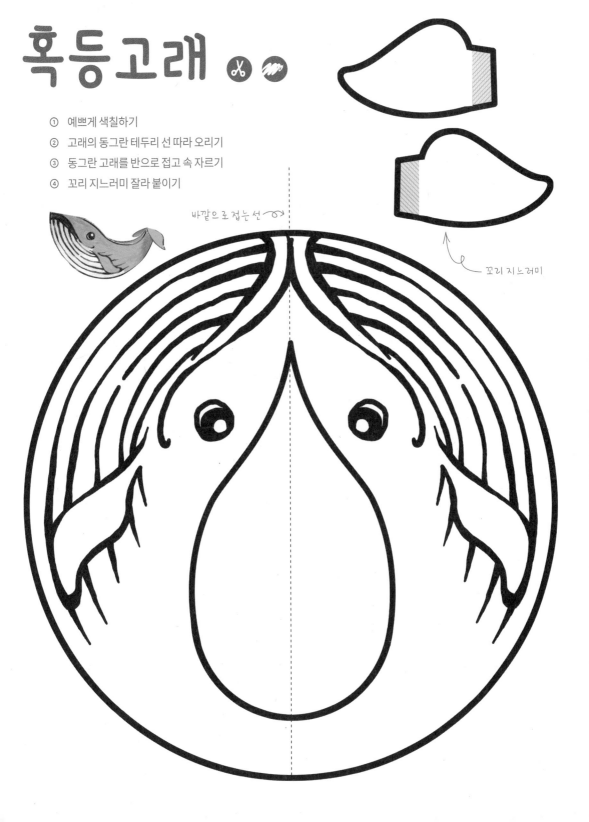

① 예쁘게 색칠하기
② 고래의 동그란 테두리 선 따라 오리기
③ 동그란 고래를 반으로 접고 속 자르기
④ 꼬리 지느러미 잘라 붙이기

바깥으로 접는 선

꼬리 지느러미

안오조정눈섭

행운의 게코

① 예쁘게 색칠하기
② 바깥 테두리 선 따라 오리기
③ 몸통과 다리 접기

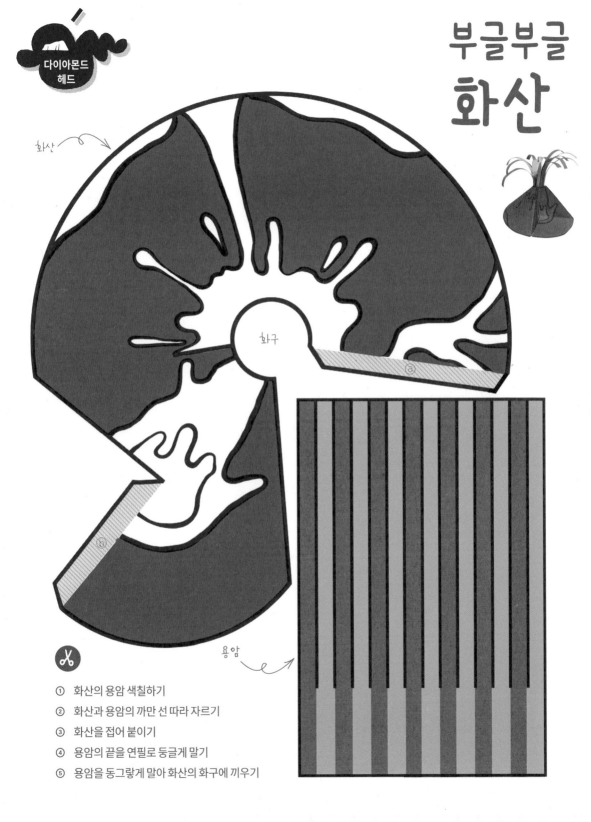

부글부글
화산

화산

화구

ⓐ

ⓑ

용암

① 화산의 용암 색칠하기

② 화산과 용암의 까만 선 따라 자르기

③ 화산을 접어 붙이기

④ 용암의 끝을 연필로 둥글게 말기

⑤ 용암을 동그랗게 말아 화산의 화구에 끼우기

나만의 하와이 안경

안경테

안경 다리

③접기

③접기

안경테

① 예쁘게 색칠하기

② 외곽 굵은 선을 따라 안경테, 안경 다리, 안경 장식 오리기
(안경 알 부분은 엄마 아빠의 도움을 받아요.)

③ 안경다리를 접고, 안경테 2장 사이에 끼워 풀칠하기

④ 원하는 안경 장식을 안경테 사이에 끼우기

안경 장식

안경 장식

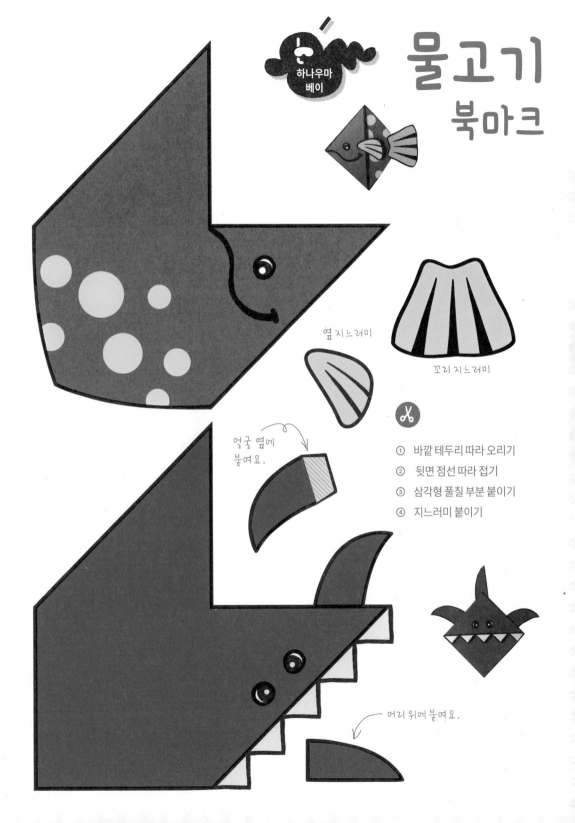

하나우마 베이

물고기
북마크

옆지느러미

꼬리 지느러미

얼굴 옆에
붙여요.

① 바깥 테두리 따라 오리기
② 뒷면 점선 따라 접기
③ 삼각형 풀칠 부분 붙이기
④ 지느러미 붙이기

머리 위에 붙여요.

말 타고
달리자~

① 말을 멋지게 색칠하고 꾸미기
② 바깥 테두리 선 따라 오리기
③ ⓐ, ⓑ, ⓒ, ⓓ 끼리 붙이기
④ 목의 ★와 ▲끼리 붙이기
⑤ 빨간색 선 따라 오리기
⑥ 다리, 몸통, 목, 머리 끼우기

쿠알로아
목장

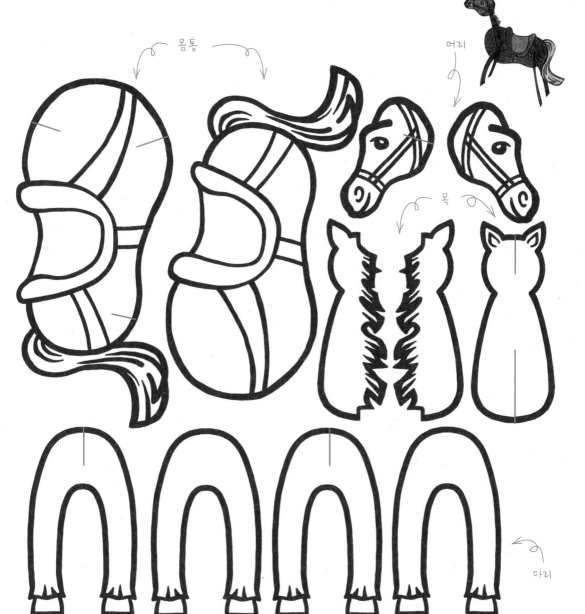

몸통

머리

목

다리

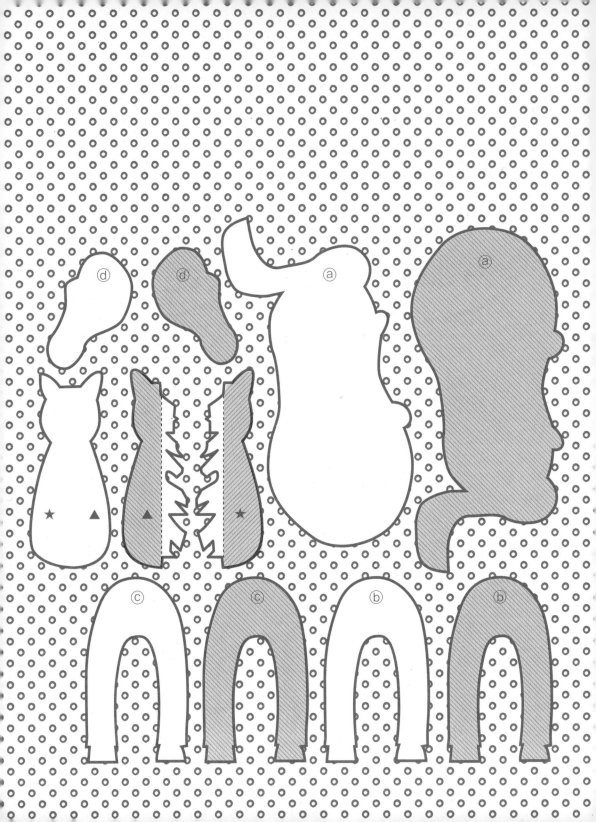

꽃목걸이 레이~

레이줄

① 레이 줄은 검은 선 따라 모두 오리기
② 레이 줄로 작은 링을 만들어 연결해
  긴 링 목걸이 만들기
③ 꽃 오리기
④ 링의 원하는 곳에 꽃 붙이기

내 친구 바다거북이 ✂ 〰

① 테두리 선 따라 오리기
② ⓐ의 가운데 실선 하나를 따라 오리고 사이에
   거북이 머리 끼워 풀칠하기
③ 앞다리와 뒷다리 붙이기

ⓐ

앞다리

앞다리

뒷다리

뒷다리

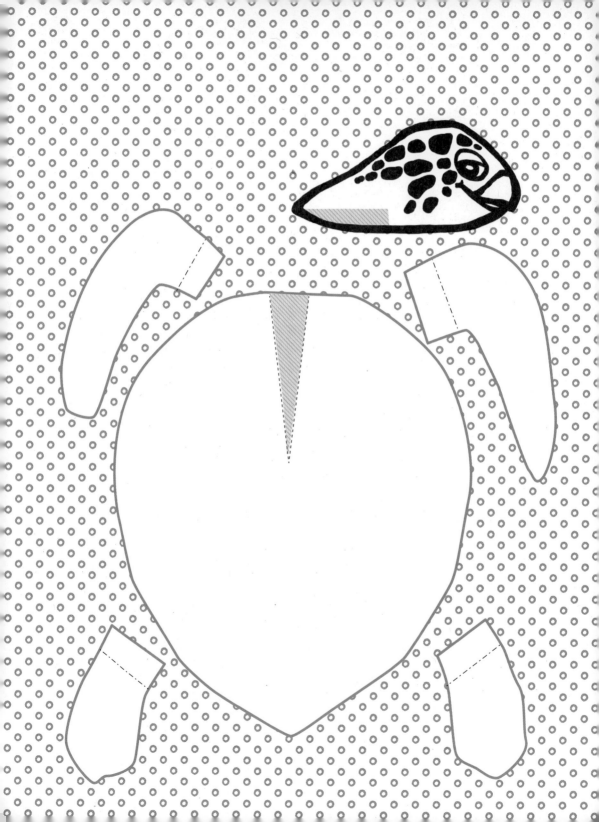

훌라춤을
춰요~ ✂

머리

팔

팔

다리

몸통

뒷머리

① 외곽 굵은 테두리 선을 따라
   머리, 팔, 몸통, 다리, 뒷머리 오리기
② 뒷면 점선 따라 접기
③ 풀칠하고 붙이기
④ 얼굴과 몸통 붙이기
④ 다리, 팔,뒷머리 붙이기

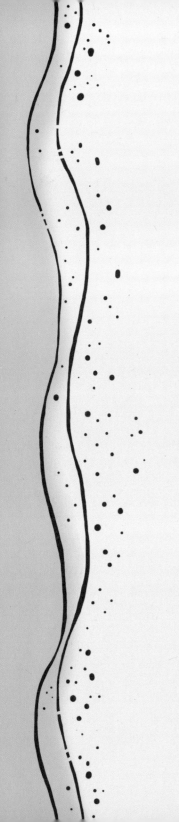

해변
놀이

해변

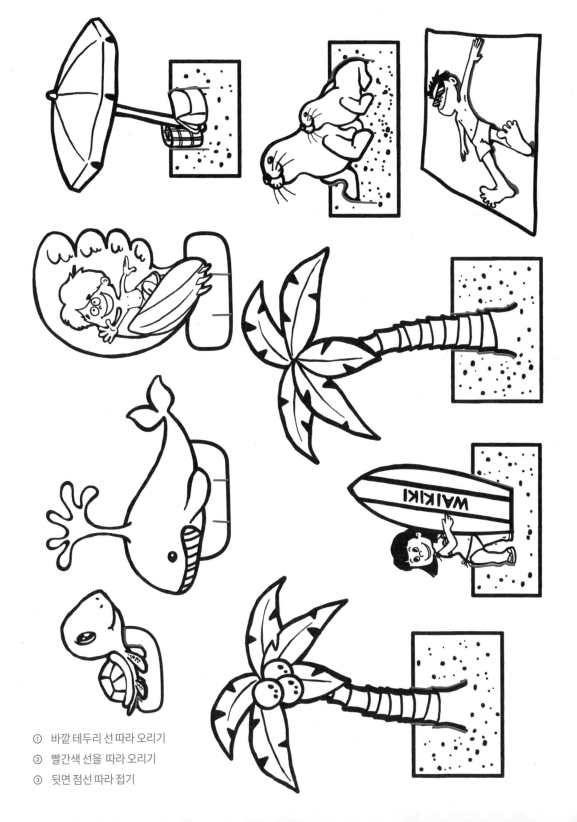

① 바깥 테두리 선 따라 오리기
② 빨간색 선을 따라 오리기
③ 뒷면 점선 따라 접기

진주만

숨은 **단어 찾기**

박스 속 단어는 진주만에 가면 보게 되는 영어예요.
스펠링을 생각하며 아래에서 찾아보세요.

USS MISSOURI

PEARL HARBOR	USS BOWFIN
SUBMARINE MUSEUM	NAVY
MEMORIAL USS MISSOURI	ARIZONA
FERRY BLACK TEARS	WORLD WAR

```
P E U B E V A Y S X M N J K L W E E R C
A E E F L P S P W P B L A C K T E A R S
N R A E O F P R K X M N J K D Q E R Q E
U E T R V R J K Q I N E J B L V D I R A
C B A R L D K W J X D N M K A W E Z H U
P A N Y E H R M U S E U M O C A D O R S
N E Q B K F A U S Q C R R K R W E N T S
P S Y K E R I R S B M X J P L I E A R M
Q U T P J A H P B X C A N K C W A E Q I
P B R A V S N U O O M K J K D Q E L R S
N M J Q E X M H W X R D L P L N H K A S
P A A B N P E K F Q O A U B A W L E R O
I R V C U N P O I A M F J K N N N R N U
K I Q Y E D R P N X D N W O R L D W A R
S N P K U W Z U O Q B S J K C T E E R I
P E A B S R I T D X M N J B L E N E N X
```

가자 하와이~ 구성품

게임판

주사위

게임말

별 코인

무지개 카드

하와이 등기부

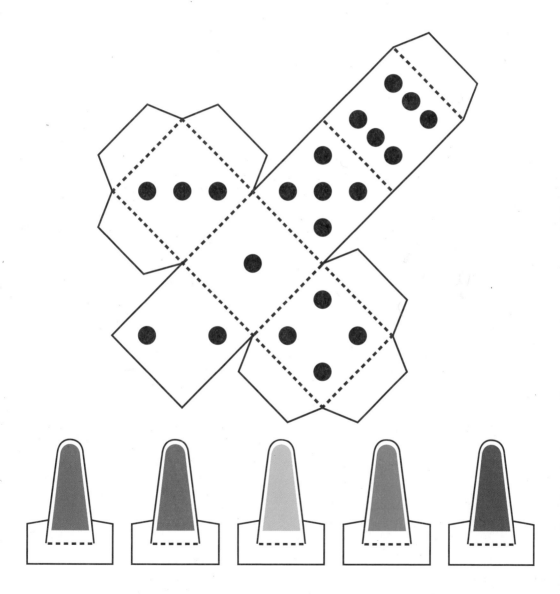

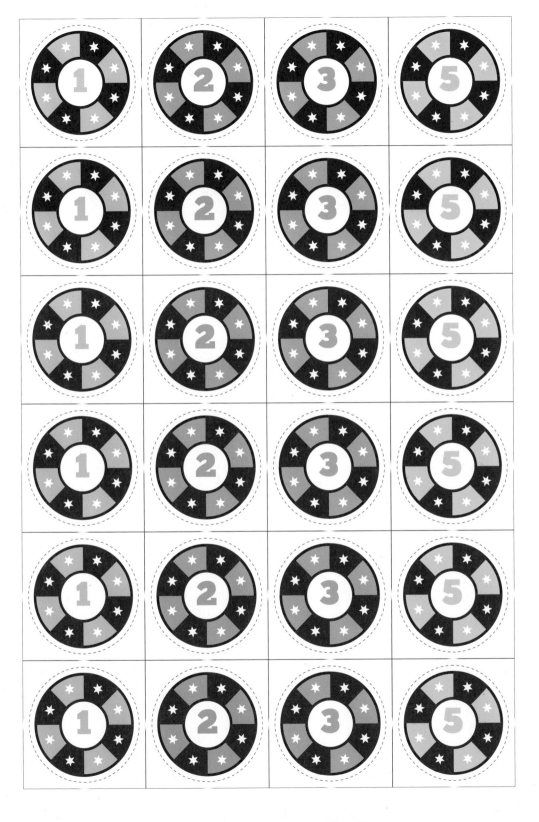

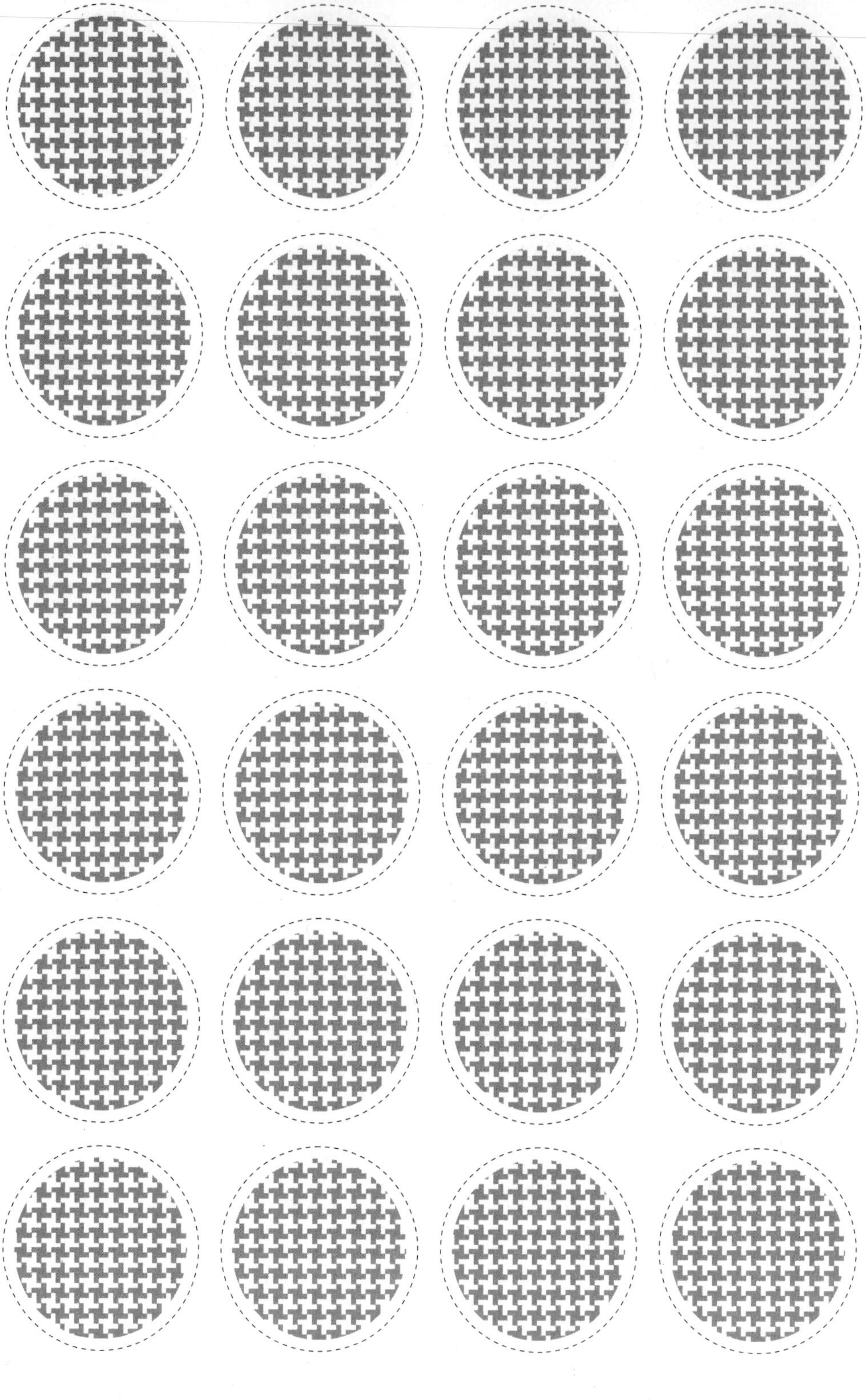

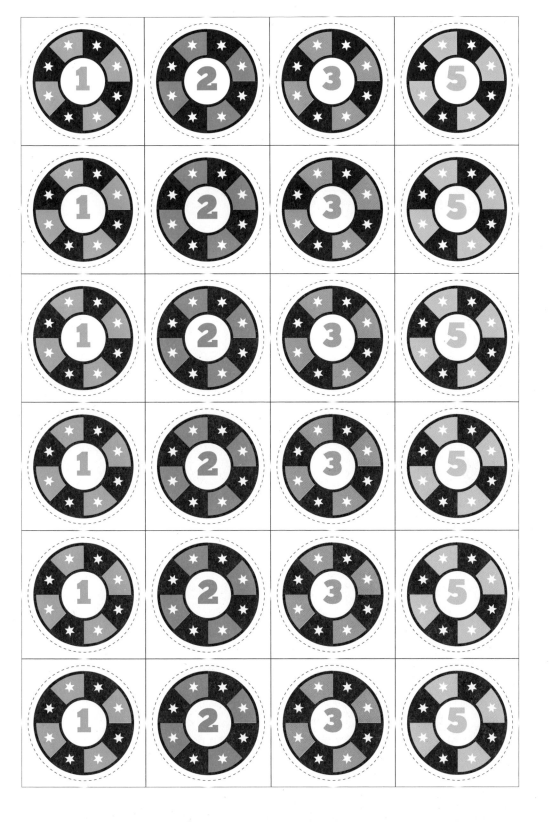

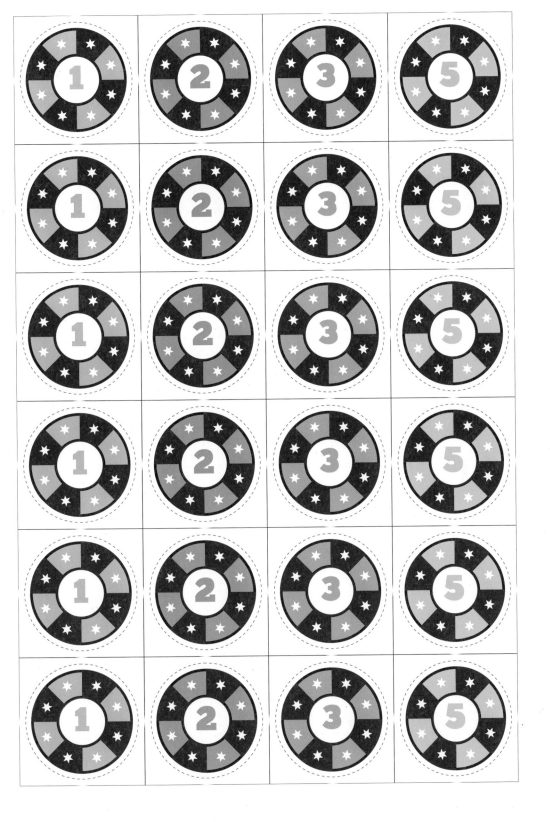

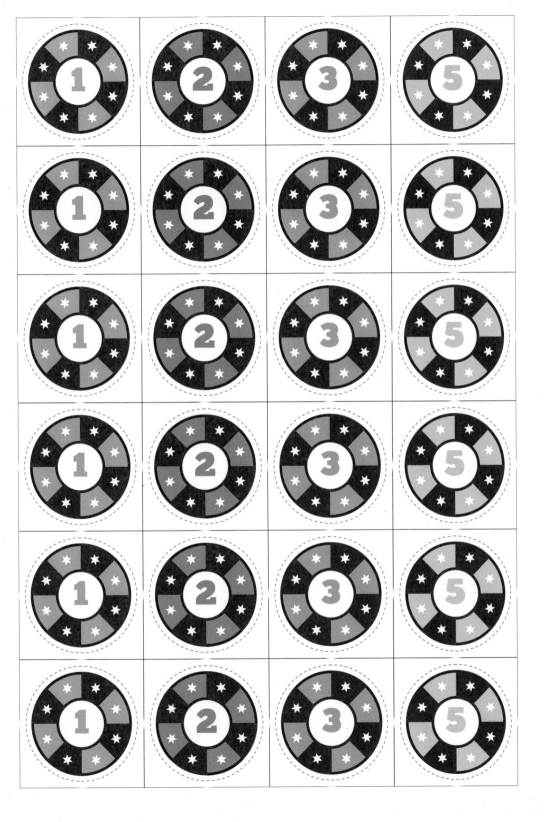

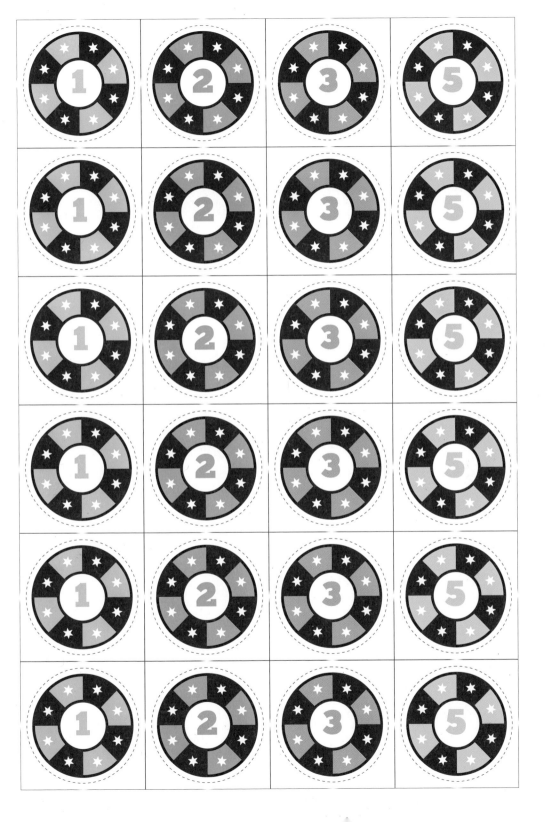

무지개 카드

♥

♥

무지개 카드

무지개 카드

♥

♥

무지개 카드

무지개 카드

♥

♥

무지개 카드

무지개 카드

♥

♥

무지개 카드

무지개 카드

♥

♥

무지개 카드

무지개 카드

♥

♥

무지개 카드

무지개 카드

♥

♥

무지개 카드

무지개 카드

♥

♥

무지개 카드

무지개 카드

♥

♥

무지개 카드

무지개 카드

♥

♥

무지개 카드

무지개 카드

♥

♥

무지개 카드

무지개 카드

♥

♥

무지개 카드

당신은 점심을 먹고 쓰레기를 아무 곳에 버렸습니다. 벌금으로 ★★를 은행에 내세요.

하와이는 어느 나라에 속해 있나요?

정답 미국 ★★

당신은 길가의 블루메리아 꽃을 꺾었습니다. 벌금으로 ★★를 은행에 내세요.

하와이는 어떻게 생겨난 섬일까요? 다이아몬드 헤드와 하나우마 베이가 그것의 흔적들이죠.

정답 화산, 화산활동 ★★

여권을 잃어버렸습니다. 대사관을 찾아가 다시 만드세요. 임시 여권 발급 비용 ★★★★를 은행에 내세요.

하와이 사람들은 사진을 찍을 때 V 대신 주로 이 손동작을 합니다. 무엇일까요?

정답 샤카 ★★

오바마 전 대통령도 사랑했다는 이것은, 얼음 가루를 동그랗게 모양내 그 위에 앙한 시럽을 올려먹는 하와이 대표 간식입니다. 이것은 무엇일까요?

정답 쉐이브 아이스 ★★

하와이를 통일한 최초의 왕은 누구일까요? 다운타운에 이 왕의 동상이 있어요.

정답 킹 카메하메하, 카메하메하 대왕 ★★★

하와이는 미국의 몇 번째 주일까요?

정답 50번째 주 ★★★

1941년 하와이는 일본의 갑작스러운 공격을 받았어요. 그 결과으로 미국은 제2차 세계대전에 참전하게 됩니다. 일본의 공습을 받은 이곳은 어디일까요?

정답 진주만, 펄하버 ★★

영화 <쥬라기 공원>의 촬영지로, 말타기 투어도 할 수 있는 이곳은 어디일까요?

정답 쿠알로아 목장, 쿠알로아 랜치 ★★

서퍼계의 전설이자 서핑을 세계에 알린 이분은 누구일까요? 와이키키에 있는 이 분의 동상이 유명하죠.

정답 듀크 ★★

무지개 카드

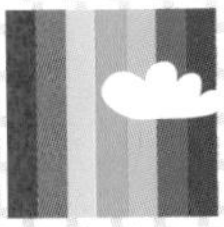

무지개 카드

무지개 카드

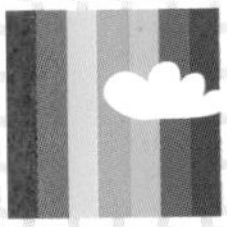

무지개 카드

무지개 카드

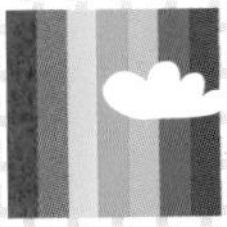

무지개 카드

무지개 카드

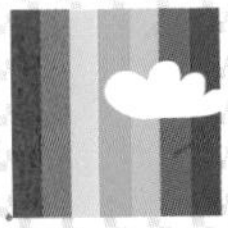

무지개 카드

무지개 카드

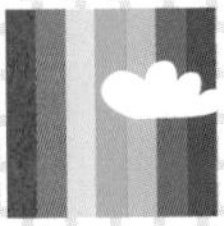

무지개 카드

무지개 카드

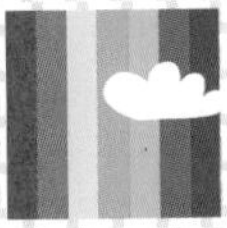

무지개 카드

무지개 카드

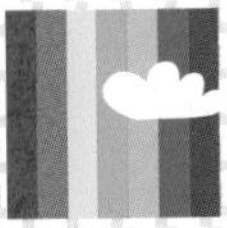

무지개 카드

무지개 카드

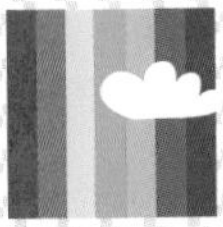

무지개 카드

무지개 카드

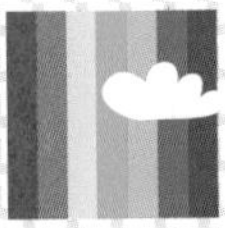

무지개 카드

무지개 카드

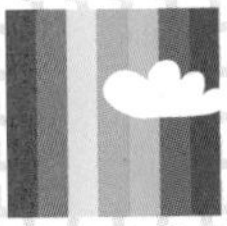

무지개 카드

무지개 카드

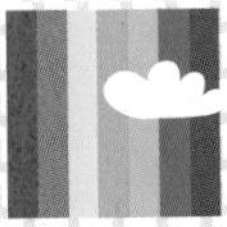

무지개 카드

무지개 카드

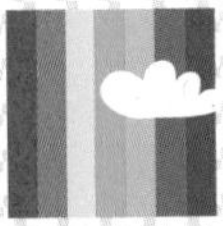

무지개 카드

와이키키 해변 어디에서나 볼 수 있는 이곳은, 화산 활동으로 만들어진 분화구입니다. 이곳을 하이킹하는 관광 코스가 유명한데요, 이곳은 어디일까요?

정답 **다이아몬드 헤드** ★★

하와이를 대표하는 물고기도, 가장 긴 이름을 가지고 있는 이 물고기의 이름은 무엇일까요? 하와이 이름을 말해주세요.

정답 **후무후무누쿠누쿠아푸아아** ★★

노스쇼어에서 '노스와' '쇼어'는 각각 무슨 뜻일까요?

정답 **North는 북쪽, Shore는 해안, 해변** ★★

하와이 전설 속, 불과 화산의 여신인 이 신은 무엇일까요? 이 여신이 화가 나면 화산이 폭발한다고 해요.

정답 **펠레, 펠레 여신** ★★

1945년 이곳에서 일본군은 제2차 세계대전에 항복한다는 문서에 서명을 하고 전쟁이 끝나게 됩니다. 이 전쟁의 이름은 무엇일까요?

정답 **미주리 전함** ★★

하와이에서 이 꽃목걸이를 한 사람들을 쉽게 볼 수 있어요. 이 꽃목걸이의 이름은 무엇일까요?

정답 **레이** ★★

하나우마 베이에는 지열 보호 특별 구역으로, 이것이 천국이라 불리는 곳이죠. 이곳은 이것을 즐기기 위해 온 사람들로 북적입니다. 이것은 무엇일까요?

정답 **스노클링** ★★

미국의 유일한 궁전이 하와이에 있죠. 이 궁전의 이름은 무엇일까요?

정답 **이올라니 궁전** ★★

하얀 쌀밥 위에 햄 등을 얹고 김으로 말아 만드는 이 음식은 무엇일까요?

정답 **무스비** ★★

하나우마 베이에도 물고기도 많지만 이곳도 맞죠. 돌이 아닌 살아있는 생명체로, 물고기들의 보금자리인 이것은 무엇일까요?

정답 **산호, 코랄(Coral)** ★★

하와이의 역사는 이 문화를 빼놓고 설명할 수 없죠. 하와이 최초의 정착민으로, 카누를 타고 3,000km를 항해해 도착한 이 사람들은 누구일까요?

정답 **폴리네시아인, 폴리네시아 사람** ★★

하와이 말로 '고맙습니다'는?

정답 **마할로** ★★

★ ★ | 통행료 ★
호놀룰루 공항
(공식명칭: 대니얼 K. 이노우에 국제공항)

★ ★ ★ | 통행료 ★★
와이키키

★ ★ ★ | 통행료 ★★
진주만

★ ★ ★ | 통행료 ★★
노스쇼어

★ ★ ★ | 통행료 ★★
하나우마 베이

★ ★ ★ | 통행료 ★★
이올라니 궁전

★ ★ | 통행료 ★

쿠알로아 목장

★ ★ | 통행료 ★

알로하 스토어

파인애플 주스

★ ★ ★ | 통행료 ★

비숍 박물관

★ ★ | 통행료 ★

알로하 스토어

쉐이브 아이스

★ ★ | 통행료 ★

알로하 스토어

무스비

★ ★ | 통행료 ★

알로하 스토어

호놀룰루
쿠키

★ ★ | 통행료 ★

트롤리 출발역

★ ★ | 통행료 ★

트롤리 도착역

다른 그림
찾기~

숨은
단어 찾기

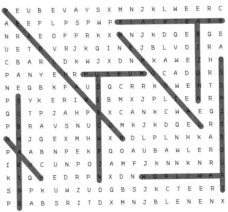

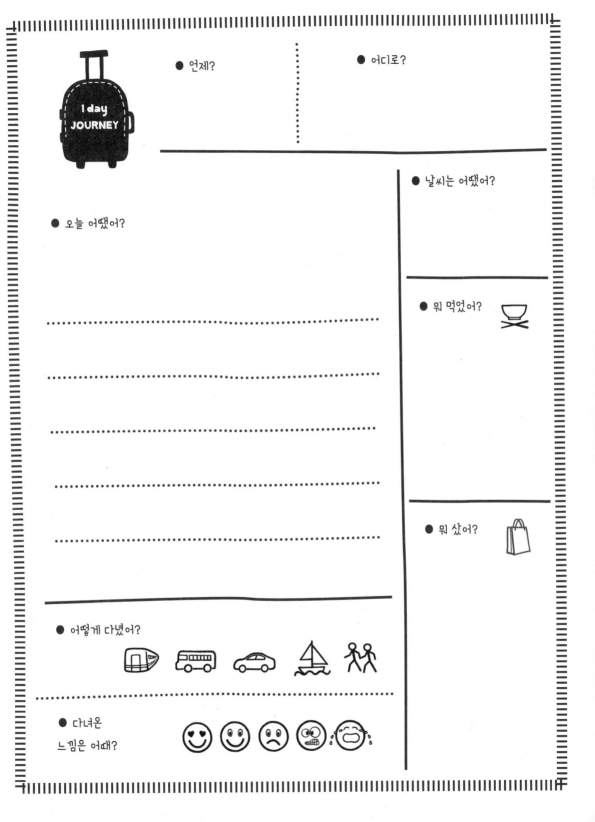

● 언제?

● 어디로?

1 day JOURNEY

● 날씨는 어땠어?

● 오늘 어땠어?

● 뭐 먹었어?

● 뭐 샀어?

● 어떻게 다녔어?

● 다녀온
느낌은 어때?

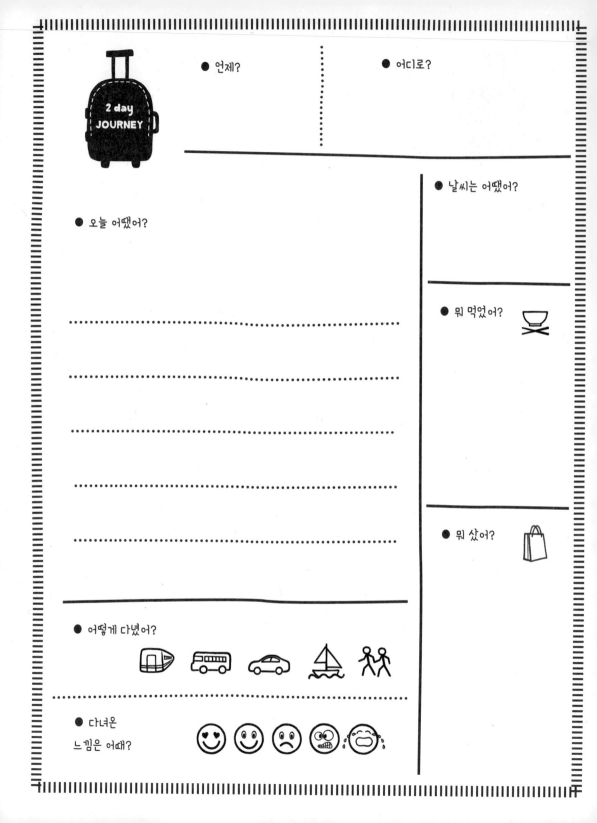

● 언제?

● 어디로?

● 날씨는 어땠어?

● 오늘 어땠어?

● 뭐 먹었어?

● 뭐 샀어?

● 어떻게 다녔어?

● 다녀온
느낌은 어때?

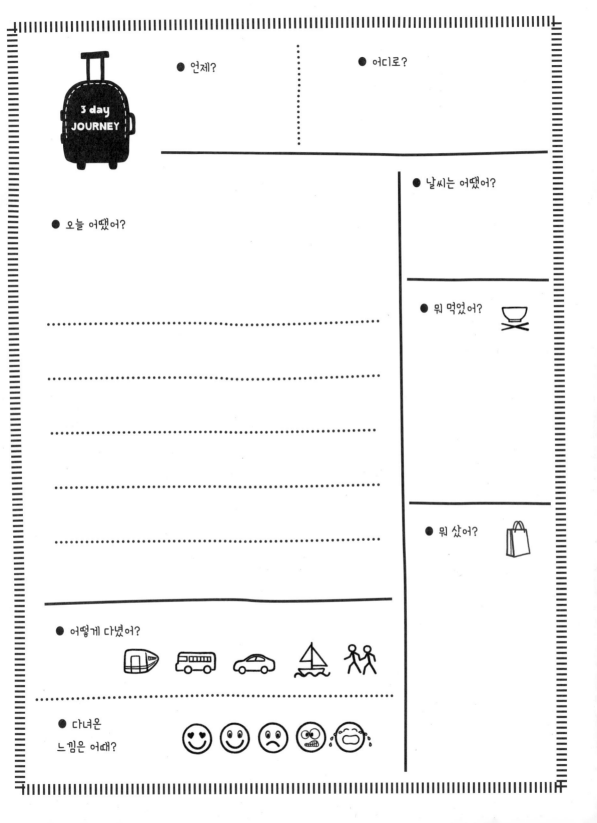

● 언제?

● 어디로?

3 day
JOURNEY

● 날씨는 어땠어?

● 오늘 어땠어?

● 뭐 먹었어?

● 뭐 샀어?

● 어떻게 다녔어?

● 다녀온
느낌은 어때?

4 day JOURNEY

● 언제?

● 어디로?

● 날씨는 어땠어?

● 오늘 어땠어?

● 뭐 먹었어?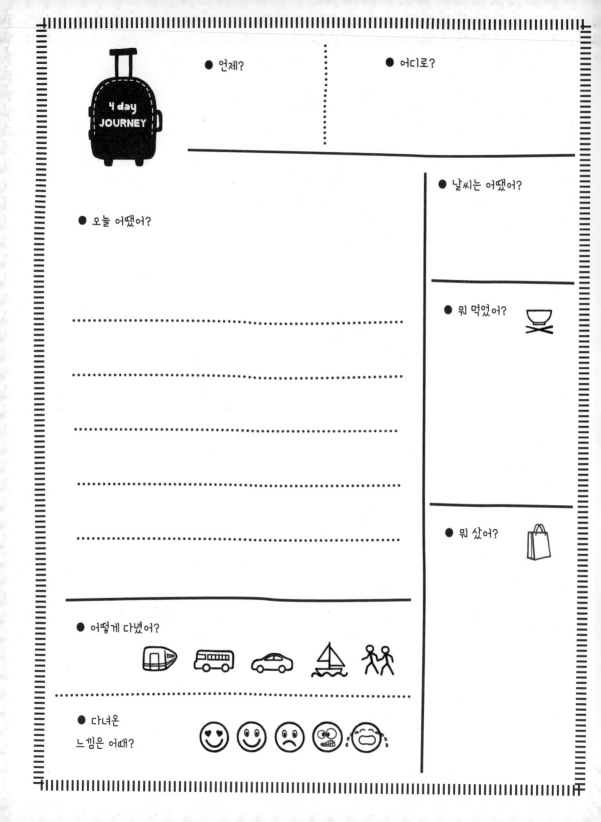

....

....

....

....

....

● 뭐 샀어?

● 어떻게 다녔어?

● 다녀온
느낌은 어때?